建築家のための土質と基礎

新ザ・ソイル
The Soil

共著／藤井　衛・若命善雄・真島正人・河村壮一

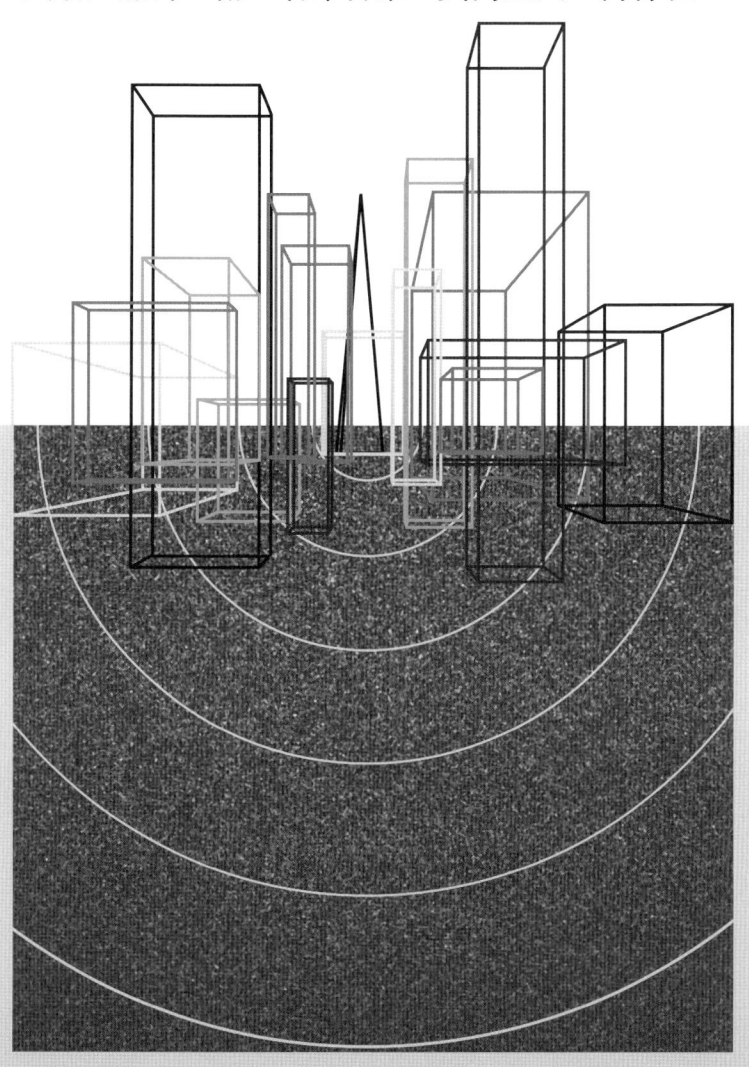

建築技術

出版の趣旨

「新ザ・ソイル－建築家のための土質と基礎」は，建築で必要とされる土質や基礎の設計に関する知識について，イラストや図を用いて非常にわかりやすく説明したものです。

土質のことを理解していなければ，建築基礎を正しく設計することはできません。しかし，もともと，土質というテーマは建築設計者や技術者にとって理解しにくく，とっつきにくい分野です。一部の専門技術者や研究者を除けば，実務界においては，基本的な理解が不十分な設計者が大半ではないでしょうか。土質には不確定な要素が多く，問題に的確に対処するには，机上の検討のみならず，経験に基づく工学的判断が求められます。しかし，そうした知識を習得しようにも，適切な講座がない学校も少なくなく，また手ごろな入門書も見当たらないのが実状です。

本書は，一級建築士である一般の建築設計者，構造系の学生，若手および中堅の建築技術者などを対象として，教科書および再入門のための基本書として読めるよう企画され，次のような特徴を備えています。

①文章による説明は最低限にし，イラストで視覚的に理解できる
②1アイテムを1～2ページで完結させている
③計算問題を解いて理解を深められる

文字による説明を抑え，イラストを見ながら自分の頭で考えることで，理解を深めることを主眼としています。余分な知識は思いきってそぎ落とし，本当に必要な事項だけ，順を追って思考していくことで，以下のように初心者からベテランまで，幅広い方にご利用いただけるよう配慮しました。

①建築デザイナー（地盤調査の知識を得るガイドとして）
②建築学科の学生（建築基礎工学の教科書として）
③建設会社の若手～中堅社員（社内研修会のテキストとして）
④若手～中堅の構造設計者（指針や基準類に示される専門用語の理解を深めるため）

本書が，土質や基礎に対する理解を深めたいと願うこれらの方々のお役に立つことができれば幸いです。

平成23年9月30日

藤井　衛
若命善雄
真島正人
河村壮一

CONTENTS

グラビア 008

第 1 章
建物と地盤の関わり 017

第 2 章
土の基礎知識 021

第 3 章
地盤調査 065

第 4 章
地盤と地震 079

第 5 章
基礎の設計 091

第 6 章
擁壁の設計 131

第 7 章
山留め工法 139

第 8 章
地盤改良 147

資料・演習問題 158

グラビア

土質試験	008
基礎工法	010
根切り・山留め	012
地盤改良	014

第1章　建物と地盤の関わり

土と建設工事の関わり	018
建設工事に必要な土の情報(1)	019
建設工事に必要な土の情報(2)	020

第2章　土の基礎知識

土の基本的性質

土を知る	022
土と地盤の作られ方	023
土の種類と基本的な性質	024
地盤中の土の粒度	025
土の構成と構造	026
土の構造の定式化	027
全応力と有効応力	028

土の強度

土のせん断強度	029
せん断強度の求め方	030
粒状土と粘性土のせん断強度特性	031

圧密

粘性土の圧密現象(1)	032
粘性土の圧密現象(2)	033
地盤・土の圧密状態	034
圧密特性の求め方	035
圧密沈下量の求め方	036
圧密沈下量の計算例	037

地中応力

地中応力(1)	038
地中応力(2)	039
長方形分割法(1)	040
長方形分割法(2)	041
長方形分割法による計算例	042

土圧・透水性

土圧(1)	044
土圧(2)	045
主働土圧とその分布(1)	046
主働土圧とその分布(2)	047
受働土圧とその分布	048
静止土圧とその分布	049
土圧の計算例(1)	050
土圧の計算例(2)	051
土と地盤の透水性(1)	052
土と地盤の透水性(2)	053
透水性の定式化	054

液状化

砂地盤の液状化	055
液状化のメカニズム	056
液状化を起こしやすい土・地盤	057
液状化による地盤・構造物の被害(1)	058
液状化による地盤・構造物の被害(2)	059
液状化発生の判定法	060
液状化強度を求める試験	061
液状化を防ぐ方法(1)	062
液状化を防ぐ方法(2)	063

第3章　地盤調査

地盤調査	066
サウンディング（原位置試験）	067
標準貫入試験(1)	068
標準貫入試験(2)	069
土質柱状図	070
土質柱状図の見方	071
粘性土に対するN値の利用	072
砂質土に対するN値の利用	073
ボーリング孔内水平載荷試験(1)	074
ボーリング孔内水平載荷試験(2)	075
スウェーデン式サウンディング試験(1)	076
スウェーデン式サウンディング試験(2)	077

第4章　地盤と地震

地盤と地震動1	080
地盤と地震動2	081
基盤地震動と表層地盤の増幅特性	082
地盤と建物の固有周期	083
地盤の振動モデル	084
土の動的性質	085
建物と地盤の動的相互作用	086
杭基礎建物での地震動観測例	087

地盤・建物の相互作用解析モデル1	088
地盤・建物の相互作用解析モデル2	089

第5章　基礎の設計

基礎の種類と設計フロー	
基礎の種類	092
基礎の役割	093
基礎の計画	094
直接基礎の設計	095
杭基礎の設計	096
地盤の支持力	
地盤の支持力	097
地盤の許容支持力(1)	098
地盤の許容支持力(2)	099
2層地盤の許容支持力	100
平板載荷試験から支持力を求める方法	101
支持力の計算例(1)	102
支持力の計算例(2)	103
許容支持力計算時の注意事項	104
沈下量計算	
沈下量の計算	105
圧密沈下量の計算	106
即時沈下量の計算	107
許容沈下量	108
不同沈下対策	109
沈下量の計算例(1)	110
沈下量の計算例(2)	111
杭の種類	
杭の分類	112
即製杭の施工方法	113
場所打ちコンクリート杭の施工方法(1)	114
場所打ちコンクリート杭の施工方法(2)	115
場所打ちコンクリート杭の施工方法(3)	116
杭の鉛直支持力	
杭の許容鉛直支持力	117
杭の鉛直支持力	118
杭の荷重－沈下関係	119
杭の鉛直支持力式(1)	120
杭の鉛直支持力式(2)	121
杭の鉛直載荷試験	122
杭の鉛直支持力の計算例	123
地盤沈下地帯の支持杭	124
杭基礎の耐震性	125
杭に作用する外力と変形分布(1)	126
杭に作用する外力と変形分布(2)	127
水平力による杭の応力と変位	128
杭の引抜き抵抗	129

第6章　擁壁の設計

擁壁の安定性の検討	132
転倒とすべりの検討	133
擁壁下部地盤の支持力に対する検討	134
配筋と擁壁設計上の留意点	135
擁壁の計算例(1)	136
擁壁の計算例(2)	137

第7章　山留め工法

山留め計画	140
近接構造物への影響要因	141
山留め工事	142
山留めの設計	143
山留め壁の背面土圧	144
山留め壁の崩壊	145

第8章　地盤改良

地盤改良の原理	148
地盤改良工法の種類と目的	149
締固め工法の種類(1)	150
締固め工法の種類(2)	151
固化工法の種類(1)	152
固化工法の種類(2)	153
サンドコンパクションの設計	154
サンドコンパクションの施工管理	155
ソイルセメントコラムの設計	156
ソイルセメントコラムの施工管理	157

資料・演習問題

使用するSI単位	158
変換しなければならない式	159
各土質定数関係式	160
支持力公式	161
演習問題	162
記号一覧	169
参考文献	170

土質試験

①圧密試験（→p. 035）

②一軸圧縮試験（→p. 031）

③三軸圧縮試験（→p. 030）

④粒度試験（ふるい分析）（→p. 025）

⑤粒度試験（沈降分析）（→p. 025）

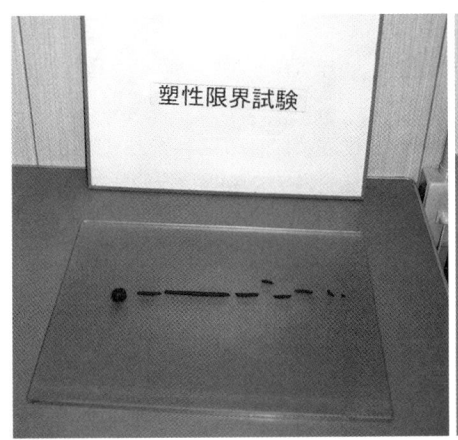
⑥塑性限界試験（→p. 026）

⑦液性限界試験（→p. 026）

⑧含水比試験（→p. 027）

⑨土粒子の密度試験（→p. 027）

基礎工法

①場所打ちコンクリート拡底杭の掘り起こし実験（→p. 121）

②掘り起こされた場所打ちコンクリート拡底杭の拡底部（→p. 121）

③杭先端打撃工法（→p. 112）

④オールケーシング工法（→p. 115）

⑤中掘り工法による埋込み杭（→p. 113）

⑥セメントミルクによる埋込み杭（→p. 113）

⑦載荷試験装置の全景（→p. 122）

⑧載荷試験の実施状況（→p. 122）

根切り・山留め

①親杭横矢板＋地盤アンカーによる山留め壁 (→p. 142)

②同根切り底の状況 (→p. 142)

③ソイルセメント柱列壁による山留め壁の施工状況（→p. 142）

④ソイルセメント柱列壁に打ち込まれた地盤アンカー（→p. 142）

地盤改良

①サンドコンパクション工法。砂または砕石の杭を造成し，振動・衝撃で杭間地盤が締め固まる（→p. 150）

②深層混合処理工法。セメント系固化材とスラリー状の水を注入し，混合して固化体を築造する（→p. 152）

③サンドコンパクション工法により造成された砂杭（→p. 155）

④深層混合処理工法により造成された固化体（→p. 157）

第1章 建物と地盤の関わり

土と建設工事の関わり

建設工事に必要な土の情報(1)

建設工事に必要な土の情報(2)

土と建設工事の関わり

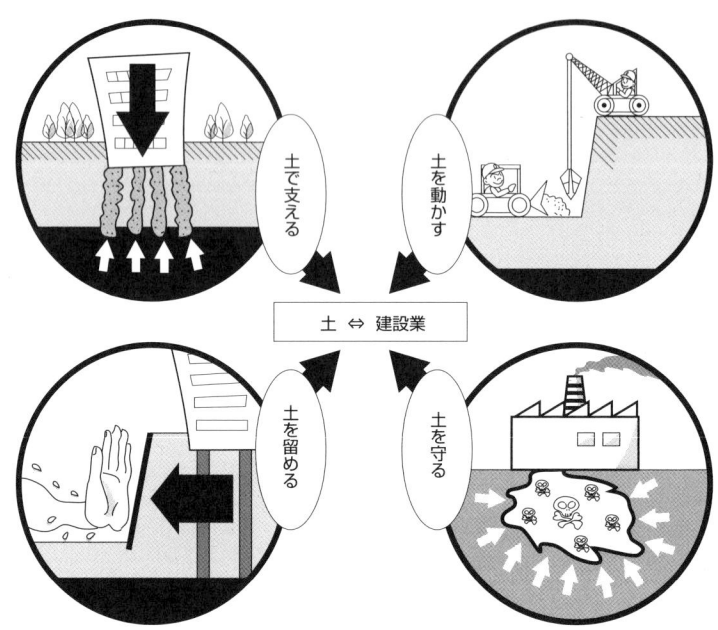

fig.1.01　土と建設業の関わり

そもそも，建設工事とは土を動かすことから始まった仕事である。構造物の形態や技術が変化した現在でも，土と建設業はさまざまな形で深い関わりを持っている。

　土で支える…構造物を安全に支持する
　土を留める…傾斜地や擁壁の安定を保つ
　　　　　　　掘削した地盤の崩壊を防ぐ
　土を動かす（掘る）…地盤を掘削し，土を動かす
　土を守る……地盤や地下水の汚染を防止し浄化する
　土で造る……埋立て地盤，宅地，道路，アースダムを造る

ONE POINT

国土の狭いわが国では，軟弱地盤や傾斜地に構造物を建設することが多い。さらに，地震の多発地帯でもある。したがって，建設工事においては，長期・地震時および施工時における地盤の安定性・安全性を確保することが重要なポイントとなる。

建設工事に必要な土の情報（1）

1. 土で構造物を支える

構造物を安全に支持するためには，地盤が構造物の重量に耐え得る強さ（支持力）と硬さ（変形性能）を保持している必要がある．

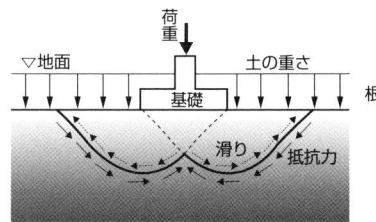

〈必要情報〉
・土の強さ　・土の重さ
・土の重なり具合

fig.1.02　支持力問題

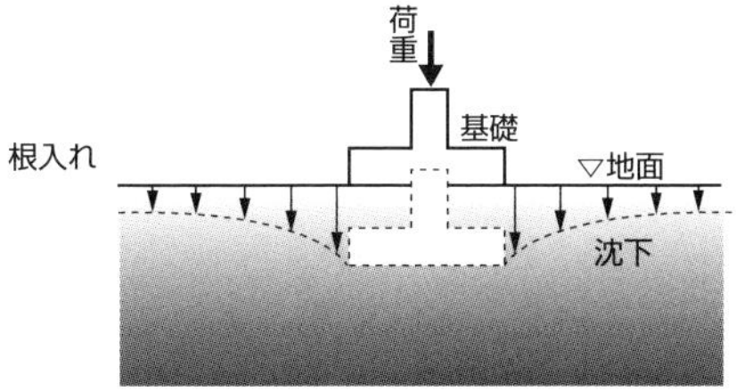

〈必要情報〉
・土の変形特性　・土の重さ
・土の透水性　・土の重なり具合

fig.1.03　沈下問題

2. 土を留める

傾斜地，擁壁あるいは掘削工事においては，地盤の崩壊を防止するとともに，周辺地盤や構造物への影響を防止する必要がある．

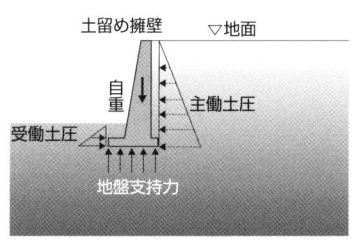

〈必要情報〉
・土の強さ　・土の重さ
・土の透水性　・土の重なり具合

fig.1.04　擁壁安定問題

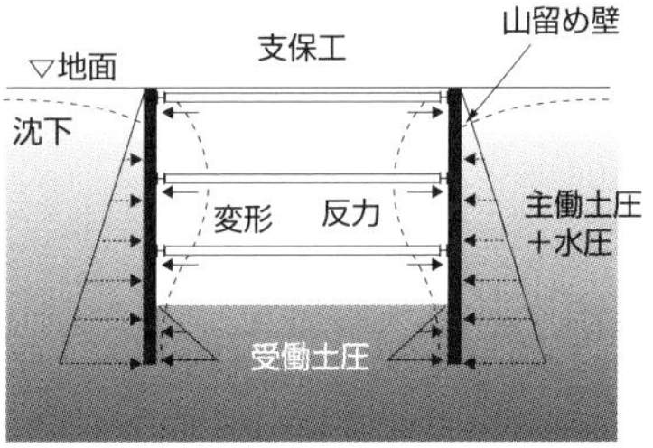

〈必要情報〉
・土の強さ　・土の変形特性
・土の重さ　・土の透水性
・土の重なり具合

fig.1.05　掘削山留め問題

ONE POINT

基礎構造物や擁壁，山留めの設計・施工には，構造物直下や周辺地盤の破壊に関係する支持力の問題と変形や沈下の問題を考える必要があり，これらの問題は土の物理的，力学的性質と深く結びついている．

建設工事に必要な土の情報 (2)

3. 土を動かす(掘る)

　土を掘り動かす工事では，掘削前後の地盤や土の性質や安定性を調べるのはもちろん，動かした土の強度特性や変形特性，含水状態を調べることが必要である。

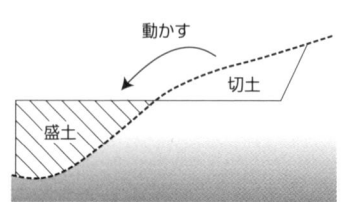

<必要情報>
・土の強さ，土の重さ，含水
・土の重なり具合
・締固め特性（盛土）

fig.1.06　敷地造成(切土，盛土)問題

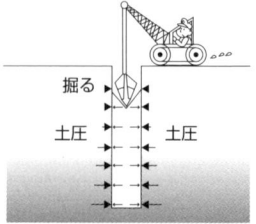

<必要情報>
・土の強さ，土の重さ
・土の重なり具合
・地下水位，流速

fig.1.07　掘削問題

4. 土を守る

　工場から漏失する有機塩素系溶剤などの有害物質や，地盤中に埋設処理された各種廃棄物による地盤や地下水の汚染を防止したり，すでに汚染された地盤や地下水を浄化することは，環境問題にとって極めて重要である。

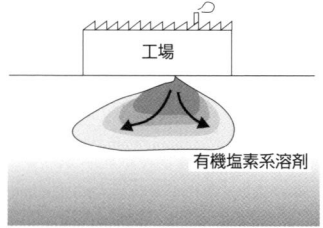

<必要情報>
・土の透水性，土の粒度構成
・土の重なり具合
・地下水位，地下水の流速

fig.1.08　地下水汚染問題

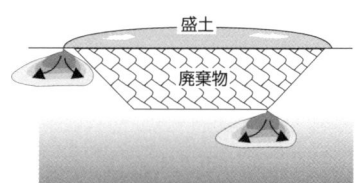

<必要情報>
・土の透水性，土の粒度構成
・土の重なり具合
・地下水位，地下水の流速

fig.1.09　廃棄物処理問題

ONE POINT

土はいったん乱されるとまったく性質の異なったものに変わってしまう。工事に当たってはこの点に十分注意する必要がある。また，地盤中の汚染防止には土の物理・力学的性質の他に，流体力学や化学工学に関する知識も必要とされる。

第2章 土の基礎知識

土の基本的性質
- 土を知る
- 土と地盤の作られ方
- 土の種類と基本的な性質
- 地盤中の土の粒度
- 土の構成と構造
- 土の構造の定式化
- 全応力と有効応力

土の強度
- 土のせん断強度
- せん断強度の求め方
- 粒状土と粘性土のせん断強度特性

圧密
- 粘性土の圧密現象(1)
- 粘性土の圧密現象(2)
- 地盤・土の圧密状態
- 圧密特性の求め方
- 圧密沈下量の求め方
- 圧密沈下量の計算例

地中応力
- 地中応力(1)
- 地中応力(2)
- 長方形分割法(1)
- 長方形分割法(2)
- 長方形分割法による計算例
- 影響円法

土圧・透水性
- 土圧(1)
- 土圧(2)
- 主働土圧とその分布(1)
- 主働土圧とその分布(2)
- 受働土圧とその分布
- 静止土圧とその分布
- 土圧の計算例(1)
- 土圧の計算例(2)
- 土と地盤の透水性(1)
- 土と地盤の透水性(2)
- 透水性の定式化

液状化
- 砂地盤の液状化
- 液状化のメカニズム
- 液状化を起こしやすい土・地盤
- 液状化による地盤・構造物の被害(1)
- 液状化による地盤・構造物の被害(2)
- 液状化発生の判定法
- 液状化強度を求める試験
- 液状化を防ぐ方法(1)
- 液状化を防ぐ方法(2)

土を知る

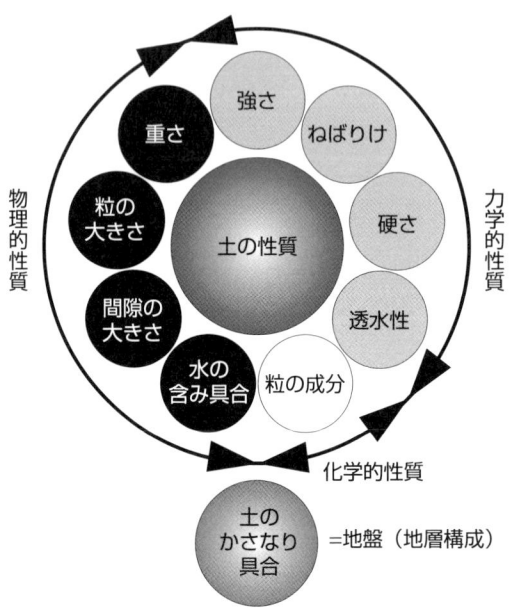

fig.2.01　土のさまざまな性質

　土は，さまざまな顔（性質）を持っており，時々に応じてその顔色を変える。時には味方（抵抗力）となり，時には敵（外力）となる。その扱いを間違うと，構造物の傾斜・転倒・沈下，土砂崩れ，土壌・地下水汚染など，人々の生活や構造物に大きな被害をもたらす。建設工事に際しては，土の性質をよく知り，慎重に扱う必要がある。

　土の性質は次のように整理できる。
1）力学的性質：強度特性，変形特性，圧密特性，透水性，動的特性，液状化強さ
2）物理的性質：粒度特性，土粒子密度，間隙比，含水比，液性限界，塑性限界
3）化学的性質：粒の成分，pH

ONE POINT

力学的性質を求める代表的な試験には，三軸圧縮試験，一軸圧縮試験，圧密試験，透水試験，液状化試験がある。物理的性質を求める代表的な試験には，粒度試験，密度試験，間隙比試験，含水比試験，液塑性限界試験がある。

土と地盤の作られ方

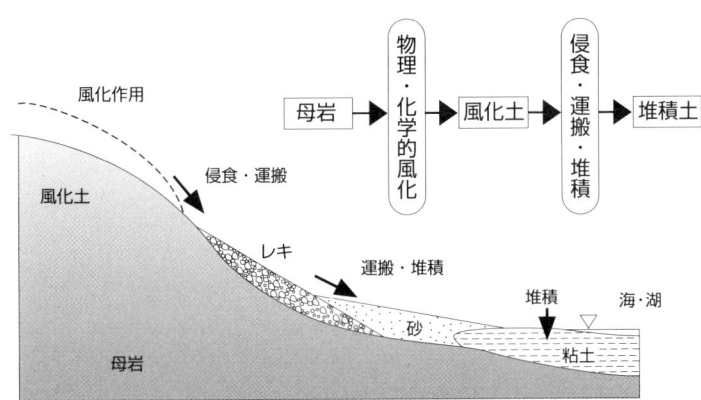

fig.2.02 　一般的な土と地盤の作られ方

1. 堆積地盤
　火山岩や堆積岩が物理的・化学的な風化により砕かれ，比較的粒径の大きな風化土（レキ・砂）となり，これが低地に運ばれてレキ・砂・粘性土からなるさまざまな地盤を構成する。

2. 火山成地盤
　火山からの噴出物が堆積した地盤
　・火山灰（粒子は細かい粘性土）：関東ローム
　・シラス（粒子は粗い粒状体）

3. 植物成地盤
　植物が堆積した地盤
　・腐植土（分解の進んだ土）：田畑の黒土
　・泥炭（分解の進んでいない土）：ピート

4. 動物の死骸
　動物の死骸が石灰化し，堆積した地盤

5. 廃棄物

ONE POINT

地盤の硬軟は地形によっておおよその判別をすることができる。丘陵地や扇状地は支持地盤として比較的問題は少ないが，低地や三角州などは支持地盤としては不適当であり，地盤沈下や地震時の液状化の危険性が大きい。

土の種類と基本的な性質

土は，粒径・粒度（粒の大きさ）を指標として分類される。

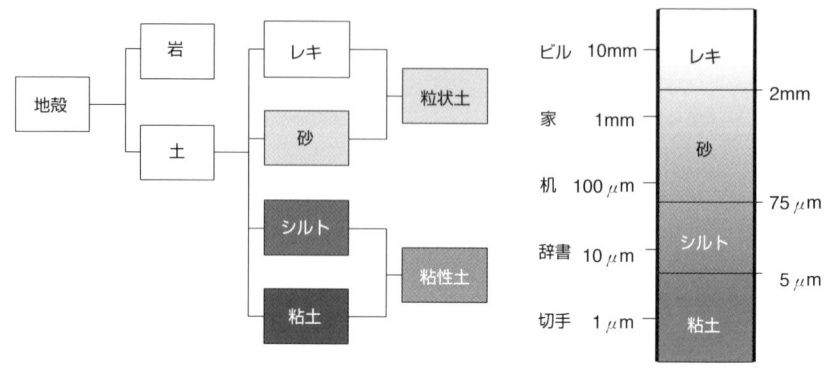

fig.2.03　土粒子の粒径区分と呼び名

1. 粒状土（レキ，砂）の一般的特性
- 粘り気（粘着力）がない
- 水を通しやすい（高透水性）
- 拘束圧に比例して強度や硬さが増加する（拘束圧がないと自立できない）
- 水を含みにくく（含水比が低い），強さや硬さが含水比に影響されにくい
- 空隙が小さく，変形しにくい（硬い）

2. 粘性土（シルト・粘土）の一般的特性
- 粘り気（粘着力）が強い
- 水を通しにくい（難透水性）
- 拘束圧に関係なく強度が一定（拘束圧がなくても自立できる）
- 含水比が高く，強さや硬さが含水比によって大きく変化する
- 空隙が大きく，変形しやすい

ONE POINT
土の性質は粒度やコンシステンシー（粘性土の含水分による流動性）に大きく依存する。土の判別・分類はこれらを考慮して決定される。

地盤中の土の粒度

地盤はさまざまな大きさの土粒子が混じり合い，重なり合ってできている。

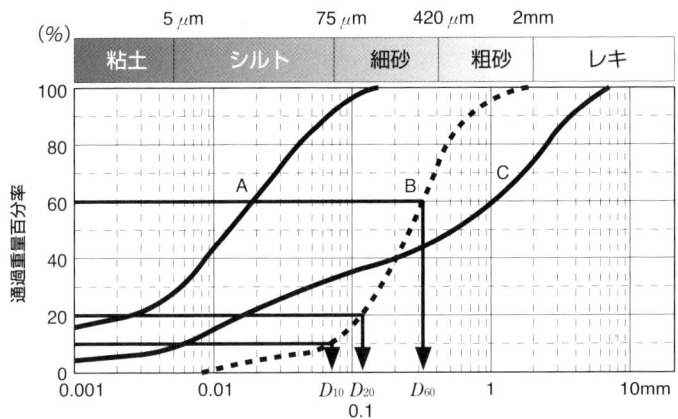

fig.2.04 地盤中の土の粒度曲線

fig.2.05 土質による粒度組成の特徴

	粒度組成				性質
	粘土	シルト	砂	レキ	
A試料	27%	66%	7%	0%	粘性土
B試料	0%	10%	90%	0%	粒状土
C試料	9%	25%	42%	24%	あわせ持つ

1．粒径の揃い具合い

勾配が急なほど揃っている。すなわち，均等係数（U_c）が小さい。

均等係数 $U_c = D_{60} / D_{10}$

2．土と透水性

粒径が大きいほど透水性は高い。透水性は D_{20} で評価できる。

ONE POINT

均等係数が1に近いほど均等粒度で構成された土であり，「粒度分布が悪い」と呼ぶ。逆に均等係数が大きいほど広範囲な粒度で構成された土であり，「粒度分布がよい」と呼ぶ。粒度分布が悪い土ほど液状化しやすい。

土の構成と構造

1. 土の構成

土は土粒子と間隙により構成されている。
間隙は空気または水により構成されている。

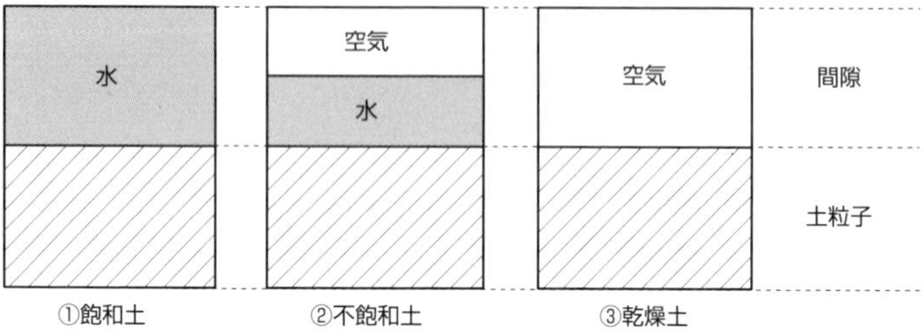

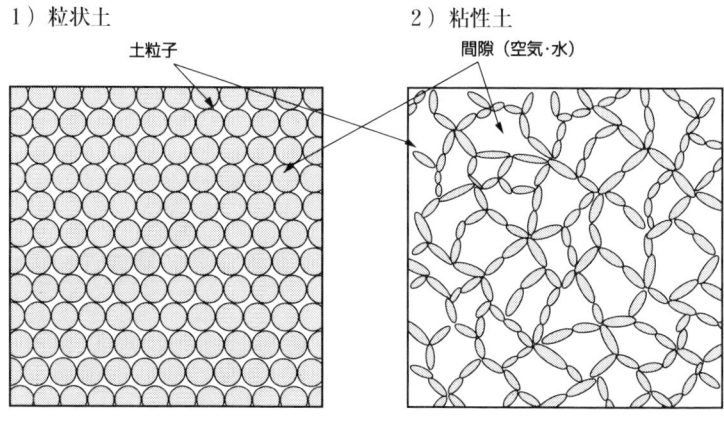

fig.2.06　土の構成

2. 土の構造

1）粒状土　　　　　　　2）粘性土

fig.2.07　粒状土（単粒構造）　　　fig.2.08　粘性土（蜂の巣構造）

・土粒子の径が大きい
・粒形は球形に近い
・重力や水の浸透力により配列される
・間隙が小さい

・微細粒子が地中で沈澱する際にできる
・粒子間引力と荷電の影響を受けて配列される
・間隙が大きい

ONE POINT

一般に，砂の分類は粒度や粒径によって決まり，粘性土の分類は液性限界（液体状になる限界の含水比）と塑性限界（固体状になる限界の含水比）によって決まる。

土の構造の定式化

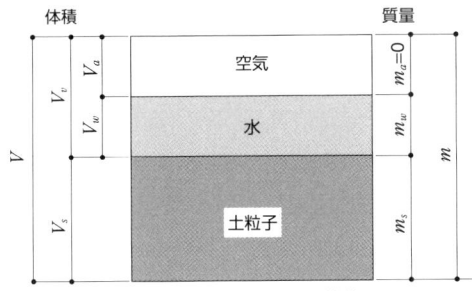

fig.2.09 土の重量と体積

1) 湿潤密度（質量）

$$\rho_t = \frac{m}{V} = \frac{m_s + m_w}{V} \ (\text{t/m}^3, \ \text{g/cm}^3)$$

2) 含水比（含まれる水の比率）

$$w = \frac{m_w}{m_s} \times 100 \ (\%)$$

3) 間隙比（空隙の多さの度合い）

$$e = \frac{V_v}{V_s}$$

4) 飽和度（間隙内の水の比率）

$$S_r = \frac{V_w}{V_v} \times 100 \ (\%)$$

5) ρ_t, w, e, S_r の関係

$$\rho_t = \frac{\rho_s + (S_r/100) \cdot e \cdot \rho_w}{1+e} = \frac{1+(w/100)}{1+e} \cdot \rho_s$$

$$e = \frac{\rho_s}{\rho_t} \cdot \frac{100+w}{100} - 1$$

$$S_r = \frac{w \cdot \rho_s}{e \cdot \rho_w}$$

ρ_s：土粒子の密度（一般値は2.5〜2.8g/cm³）
ρ_w：水の密度（約1.0g/cm³）

fig.2.10 $\rho_t \cdot w \cdot e$ の範囲

	粒状土	粘性土
ρ_t	1.6〜2.0	1.3〜1.7
w	30%以下	30〜300%
e	1.0以下	0.5〜5.0

ONE POINT

「密度」は単位体積当りの質量であり，単位はg/cm³やt/m³で，記号は ρ が用いられる。一方，「単位体積重量」は単位体積当りの重量であるから，単位はkN/m³，記号は γ が用いられる。
（例）$\rho_t = 1.70$t/m³の γ_t は？　$\gamma_t = \rho_t \cdot g_n = (1.70 \times 10^3$kg/m³$) \times (9.81$m/s²$)$
$= 16.7 \times 10^3$N/m³ $= 16.7$kN/m³ （ただし，g_n：標準重力加速度）

全応力と有効応力

1. 地盤中での力のつり合い

地盤中では，全応力，有効応力，間隙（水）圧がつり合っている。

- 全応力 σ ：土粒子に作用する全圧力
- 有効応力 σ' ：土粒子相互に作用する力
- 間隙（水）圧 u ：土粒子間隙の圧力で，間隙が飽和されている場合には間隙水圧

全応力，有効応力，間隙（水）圧の間には，次の関係がある。

- 全応力　　$\sigma = \sigma' + u$
- 有効応力　$\sigma' = \sigma - u$

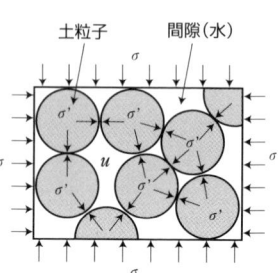

fig.2.11　地盤中での力のつり合い

2. 深さ方向の応力分布

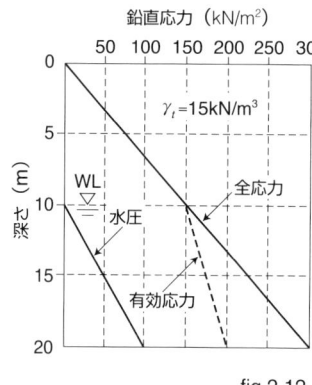
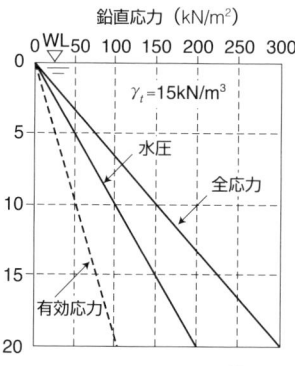

fig.2.12　深さ方向の応力分布　　$\sigma_v = \gamma_t \times h$

3. 深さ10mにおける σ_v，σ'_v，u の値

水位10mのケース

全応力 σ_v		150kN/m²
有効応力 σ'_v		150kN/m²
間隙水圧 u		0kN/m²

水位0mのケース

全応力 σ_v		150kN/m²
有効応力 σ'_v		50kN/m²
間隙水圧 u		100kN/m²

全応力一定で間隙水圧が上昇すれば，有効応力は低下する。

ONE POINT

土のせん断強度や粘性土の圧密現象に影響するのは有効応力であり，有効応力が増加すればせん断強度は増加するが，粘性土地盤では圧密沈下を起こす危険性がある。

土のせん断強度

1. 土の強さの表現

1) 土はせん断強度で表現される（コンクリート：圧縮強度，鉄：引張強度）
2) 土のせん断強度（τ_{max}）は，粘着力と摩擦力の和によって表現される。
   $\tau_{max} = c + \sigma' \cdot \tan \phi$ （Coulombの法則）
   c：粘着力（kN/m^2）
   σ'：有効拘束圧（kN/m^2）
   ϕ：内部摩擦角（°）
3) 摩擦力は，有効拘束圧と内部摩擦角が大きいほど増加する。

2. なぜ，土はせん断強度か？

1) 土は地盤中で周りから大きな圧力（有効拘束圧，間隙水圧）を受けている。この圧力のうち，有効拘束圧によりせん断強度が異なる。
2) 支持力問題，斜面安定問題，擁壁安定問題，掘削山留め問題の検討には土のせん断強度が必要となる。

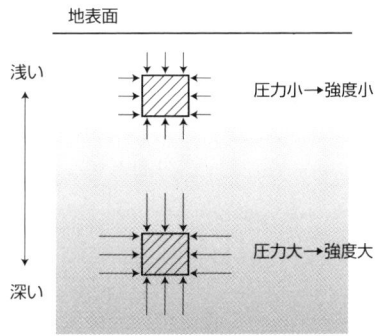

fig.2.13　地盤中での圧力

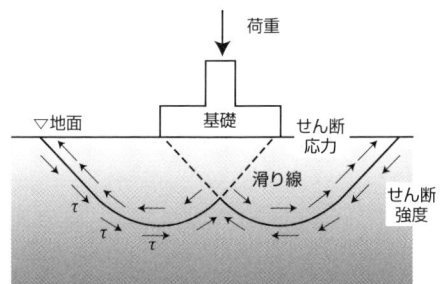

fig.2.14　支持力問題

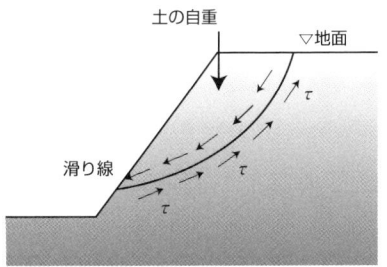

fig.2.15　斜面安定問題

ONE POINT

せん断力とは一対のずれの力のことを言い，土を破壊するために滑らそうとする力と，それに抵抗しようとする土本来の力とのせめぎ合いの現象のことを言う。「土に作用するせん断応力＞せん断強度」の時に破壊が起こる。

せん断強度の求め方

1. 三軸圧縮試験

土の粘着力 c，内部摩擦角 ϕ は，三軸圧縮試験により求める。

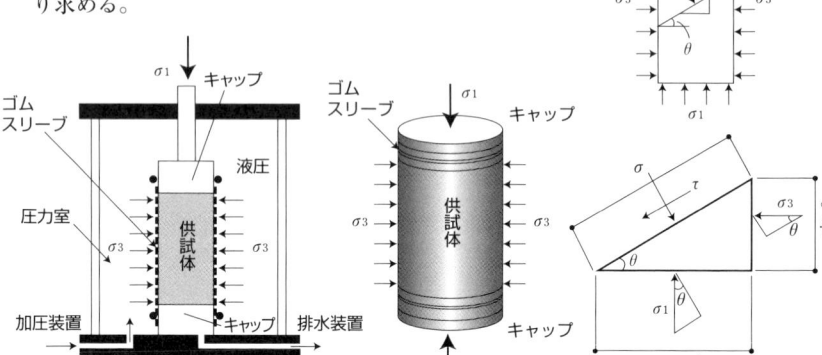

fig.2.16　三軸圧縮試験

fig.2.17　三軸圧縮試験時の応力状態

2. 土の垂直応力とせん断応力

垂直応力　$\sigma = \dfrac{\sigma_1 + \sigma_3}{2} + \dfrac{\sigma_1 - \sigma_3}{2} \cdot \cos 2\theta$

せん断応力　$\tau = \dfrac{\sigma_1 - \sigma_3}{2} \cdot \sin 2\theta$

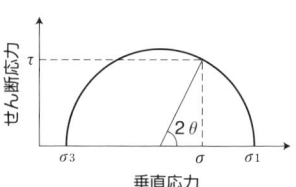

fig.2.18　垂直応力とせん断応力

3. 三軸圧縮試験から c, ϕ を求める手順

1) σ_3 を変化させた複数の試験を実施
2) 破壊時の σ_1 と σ_3 の関係をモールの円で作図する
3) 複数の円に接する直線（破壊包絡線）を引く
4) 直線の勾配が ϕ，切片が c となる

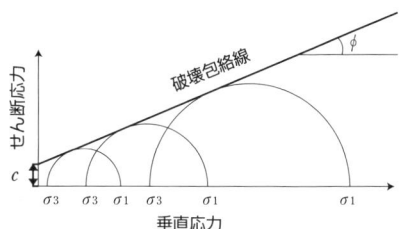

fig.2.19　破壊包絡線

ONE POINT

せん断試験としては，この他に直接せん断試験と呼ばれるものがあるが，三軸圧縮試験よりは精度が劣る。

粒状土と粘性土のせん断強度特性

土のせん断強度特性は下式で示される。

$\tau_{max} = c + \sigma' \cdot \tan \phi$ （Coulombの法則）

1. 粒状土（砂・レキ）

・粘り気のない土には粘着力を期待できない（$c = 0$）
・$c = 0$の土は自立できない
・$\phi > 0$の土は拘束圧が大きいほど強い
・よく締まり、粒の大きい土ほどϕは大きい

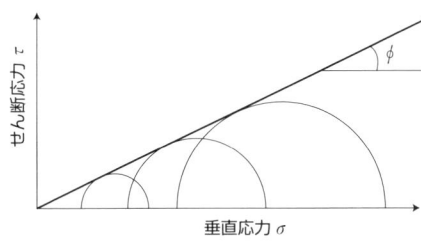

fig.2.20　粒状土のせん断強度特性

2. 粘性土（粘土・シルト）

・透水性の悪い土にはϕを期待できない（$\phi = 0$）
・$c > 0$の土は自立できる
・$\phi = 0$の土の強度は拘束圧に影響されない
・一軸圧縮試験より、せん断強度を求めることができる（最大圧縮強度の1/2をcとみなす）

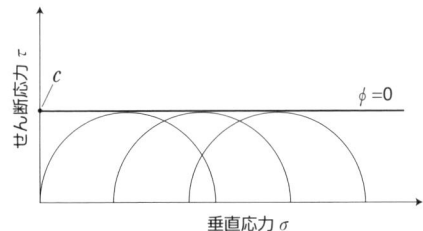

fig.2.21　粘性土のせん断強度特性

ONE POINT

粘着力cとは、粘土粒子間の電気化学的な吸着力のことを言い、内部摩擦角ϕは土粒子の機械的な噛み合わせによって生じる抵抗力のことを言う。自然の山の角度は安息角と呼ばれており、この値はϕにほぼ等しい。なお、$c = 0$、$\phi = 0$の物質は水である。

粘性土の圧密現象（1）

1. 粘性土の構造と圧密現象

・間隙が大きい
・水を通しにくい

 外部からの圧力

圧密現象の発生
・間隙水が抜け，間隙が減少し大きく沈下する
・水が抜けにくいため，沈下終了までに長時間必要となる

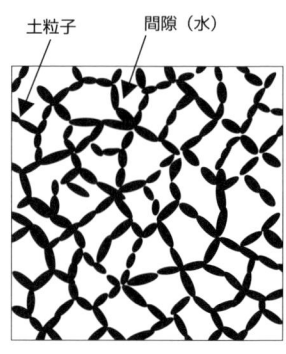

fig.2.22　蜂の巣構造

2. ばねモデルによる圧密沈下の説明

p：有効鉛直応力
　　（ばねの反力）
u：水圧

①初期状態	②載荷直後	③圧密進行中	④圧密終了
$p=W$ $u=0$	$p=W$ $u=\Delta W$	$W<p<W+\Delta W$ $0<u<\Delta W$	$p=W+\Delta W$ $u=0$
・ばね（土粒子）の反力でWを支えている ・水圧はゼロ	・水圧がΔWだけ上昇する ・ばねの反力はWで変わらない	・水が徐々に抜け水圧が低下する ・低下水圧分の力がばねに移る ・抜けた水の体積分だけ間隙が減少し，沈下する	・排水と水圧低下は止まる ・沈下は終了する ・ばねの力は一定（$W+\Delta W$）となる

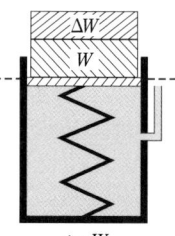
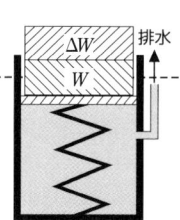
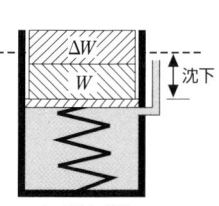

fig.2.23　ばねモデルによる圧密沈下現象

ONE POINT

土に応力が作用すると，砂は透水性が大きい分すぐに間隙水が排水され増えた応力は土粒子の骨格が負担するが，粘土は間隙水の排水に時間がかかり水圧が応力増分の一部を負担する。この水圧を過剰間隙水圧（u）と呼ぶ。

粘性土の圧密現象（2）

3. 地盤の圧密沈下現象

　粘土層やシルト層が堆積した地盤では，建物の建設や盛土などの荷重の増加により，圧密現象を起こす可能性がある。

　圧密現象が発生すると地盤は長時間にわたって大きく沈下し，建物に障害をもたらすことになる。

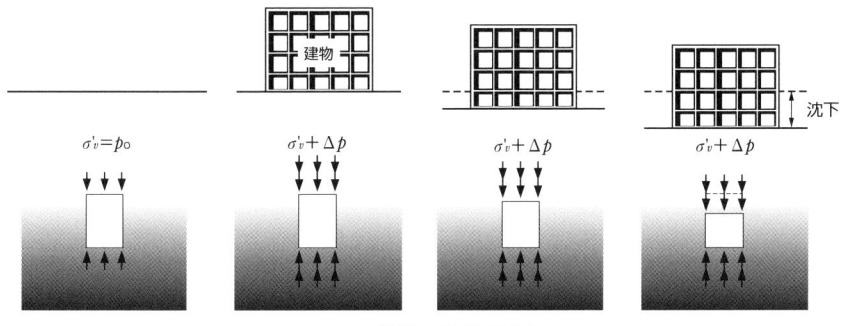

fig.2.24　地盤の圧密沈下現象

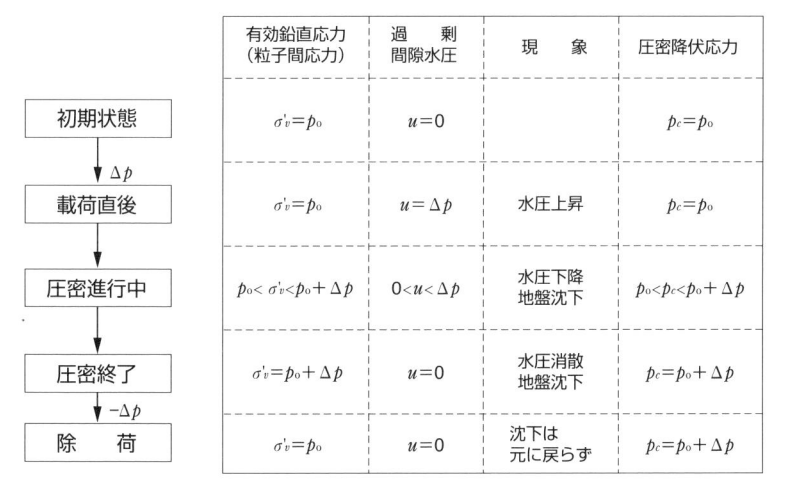

	有効鉛直応力 （粒子間応力）	過剰 間隙水圧	現　象	圧密降伏応力
初期状態	$\sigma'_v = p_0$	$u = 0$		$p_c = p_0$
載荷直後	$\sigma'_v = p_0$	$u = \Delta p$	水圧上昇	$p_c = p_0$
圧密進行中	$p_0 < \sigma'_v < p_0 + \Delta p$	$0 < u < \Delta p$	水圧下降 地盤沈下	$p_0 < p_c < p_0 + \Delta p$
圧密終了	$\sigma'_v = p_0 + \Delta p$	$u = 0$	水圧消散 地盤沈下	$p_c = p_0 + \Delta p$
除荷	$\sigma'_v = p_0$	$u = 0$	沈下は 元に戻らず	$p_c = p_0 + \Delta p$

fig.2.25　圧密に伴う応力や間隙水圧の変化

ONE POINT

圧密は，地盤沈下地帯のように土の自重によって起きる場合と，建物の建設による応力増分によって起きる場合がある。

地盤・土の圧密状態

1. 地盤の圧密状態
地盤中の鉛直有効応力と圧密降伏応力の大小関係によって判断できる。

1) 有効鉛直応力 σ'_v（有効土かぶり圧 p_0）
   地盤中で、土が現在受けている鉛直方向の有効応力

2) 圧密降伏応力 p_c（圧密先行応力）
   土が圧密現象を起こし始める鉛直応力
   過去に受けた最大の有効鉛直圧力

2. 過圧密・正規圧密・未圧密地盤

1) 過圧密地盤　$p_c > p_0$
   ・荷重 Δp（応力）が増加しても、$\Delta p < p_c - p_0$ であれば圧密しない
   ・山を削り取った地盤や洪積地盤、地下水位が上昇して有効鉛直応力（p_0）が低下した地盤

2) 正規圧密地盤　$p_c = p_0$
   ・わずかな増加でも圧密する
   ・自然堆積した沖積地盤

3) 未圧密地盤　$p_c < p_0$
   ・圧力増加がなくても圧密が進行中
   ・埋立て直後の地盤、地下水位低下を起こしている地盤

①過圧密地盤　　②正規圧密地盤　　③未圧密地盤

fig.2.26　過圧密・正規圧密・未圧密地盤

ONE POINT

有効土かぶり圧 p_0 は土の単位体積重量と深さの積によって求めることができ、圧密降伏応力 p_c は圧密試験から求めることができる。

圧密特性の求め方

圧密特性は，地盤中より採取した乱さない土に対する圧密試験により求める。

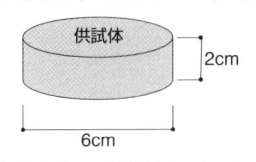

1) 載荷方式は段階載荷（1日1段階）
   0.05 {4.81}→0.1 {9.81}→0.2 {19.6}→0.4 {39.2}
   →0.8 {78.4}→1.6 {157}→3.2 {314}→6.4 {628}
   →12.8 {1,260}→25.6kg/cm² {2,510kN/m²}

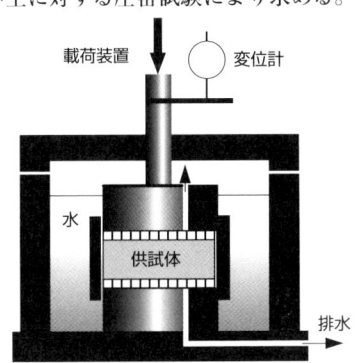

fig.2.27 圧密試験装置

2) 計測項目と得られるデータ
   ・各荷重段階の時間－沈下量関係（$\sqrt{t}$-S曲線）
     圧密係数c_v　：圧密の経時変化の計算に利用
   ・沈下量（間隙比）－荷重関係（e-log$p$曲線）
     圧密降伏応力p_c　：圧密沈下量の計算に利用
     圧縮指数C_c　：圧密沈下量の計算に利用

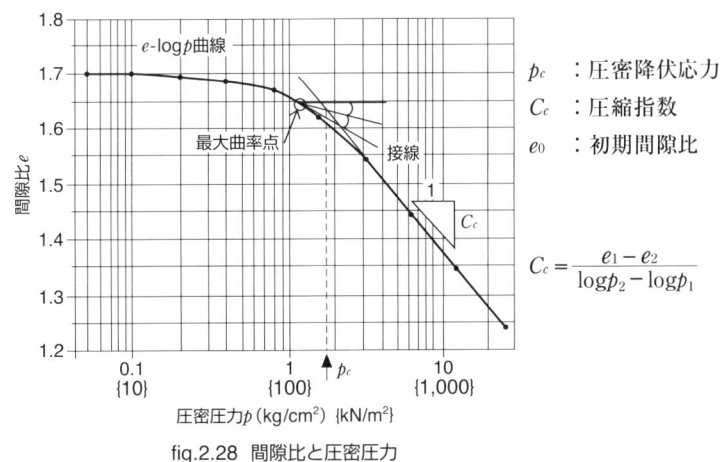

p_c ：圧密降伏応力
C_c ：圧縮指数
e_0 ：初期間隙比

$$C_c = \frac{e_1 - e_2}{\log p_2 - \log p_1}$$

fig.2.28 間隙比と圧密圧力

ONE POINT

圧密試験により建物の最終沈下量や沈下の経時変化を予測することができる。圧密試験に供する供試体の採取位置は土質柱状図により判定する。

圧密沈下量の求め方

1. 沈下量計算の手順
1) ボーリング調査
   - 各土層の深さ，厚さの調査→ z_1, H_1
   - 土質試験用の不撹乱試料の採取
2) 物理試験
   - 土の単位体積重量 γ_t の測定
   - 間隙比 e_0 の測定
3) 圧密試験
   - 圧密特性の測定
     → e-log$p$ 曲線，p_c, C_c
4) 初期有効鉛直応力 σ'_v の計算
5) 鉛直増加応力 Δp の計算
6) 式(1),(2)により S_c の計算

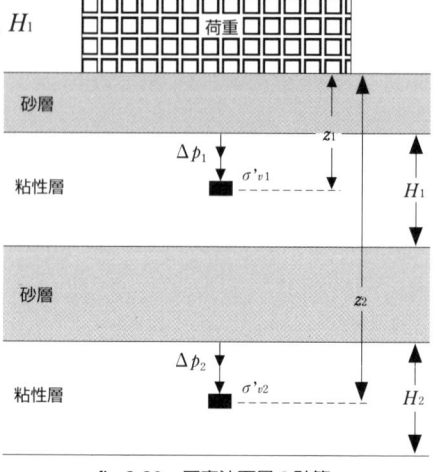

fig.2.29　圧密沈下量の計算

2. 沈下量計算式

$$S_c = \Sigma \frac{C_c}{1+e_0} \cdot H \cdot \log \frac{\sigma'_v + \Delta p}{p_c} \quad \cdots\cdots (1)$$

$$S_c = \Sigma \frac{e_0 - e_1}{1+e_0} \cdot H \quad \cdots\cdots\cdots\cdots\cdots\cdots (2)$$

　　e_0：初期間隙比
　　e_1：$(\sigma'_v + \Delta p)$ に対応する間隙比
　　H：圧密層厚（cm）

3. 圧密時間

$$t = \frac{T_v \cdot h^2}{C_v} \quad \cdots\cdots\cdots\cdots\cdots\cdots\cdots\cdots (3)$$

　　t：圧密時間（day）
　　C_v：圧密係数（cm²/day）
　　h：排水距離（cm）（片面排水の場合は H，両面排水の場合は $H/2$）
　　T_v：時間係数（圧密度 U＝90％で，T_v＝0.848）

ONE POINT

(1)式のlogの底は10であることに注意。

圧密沈下量の計算例

下記の地盤における圧密沈下量を計算せよ。

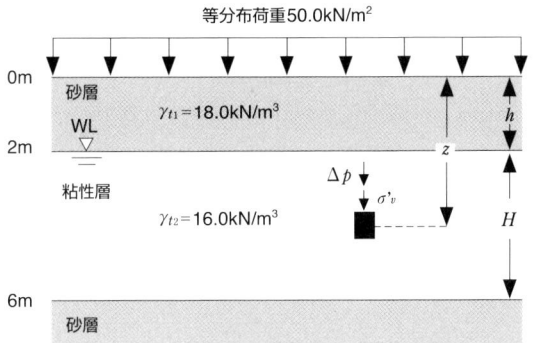

等分布荷重 50.0kN/m^2

砂層　$\gamma_{t1} = 18.0\text{kN/m}^3$
粘性層　$\gamma_{t2} = 16.0\text{kN/m}^3$
砂層

圧密試験より求めた粘性層の圧密特性は，

$p_c = 60.0\text{kN/m}^2$
$C_c = 0.75$
$e_0 = 2.0$

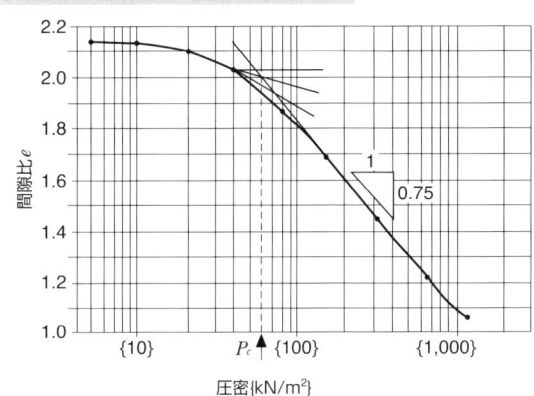

1) 粘性土層中心深さ $z = 4\text{m}$ における σ_v の計算
$$\sigma_v = \gamma_{t1} \times h + \gamma_{t2} \times (z-h)$$
$$= 18.0 \times 2 + 16.0 \times (4-2) = 68.0\text{kN/m}^2$$

2) 粘性土層中心深さ $z = 4\text{m}$ における σ'_v の計算
$$\sigma'_v = \sigma_v - u = 68.0 - 20.0 = 48.0\text{kN/m}^2$$

3) 圧密沈下量 S の計算
$$S = \Sigma \frac{C_c}{1+e_0} \cdot H \cdot \log \frac{\sigma'_v + \Delta p}{p_c}$$
$$= \frac{0.75}{1+2.0} \cdot 4.0 \cdot \log \frac{48.0 + 50.0}{60.0} = 0.22\text{m} = 22\text{cm}$$

地中応力（1）

1. 地表面に作用した荷重により地中応力が発生する
2. 地中応力は載荷位置から離れるにつれて減少する

↓

地盤上に構造物を建設した場合の沈下量の予測には鉛直地中応力が必要である。

1）地表面鉛直集中荷重による鉛直地中応力

　　弾性理論解　Boussinesq（ブーシネスク）の解

$$\sigma_z = \frac{P}{2\pi} \cdot \frac{3z^3}{R^5}$$

$$= \frac{P}{2\pi} \cdot \frac{3z^3}{(r^2+z^2)^{5/2}}$$

$$= \frac{P}{z^2} \cdot \frac{3}{2\pi} \cdot \left(1 + \frac{r^2}{z^2}\right)^{-5/2}$$

$$= \frac{P}{z^2} \cdot I_p$$

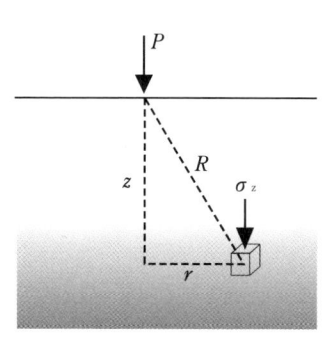

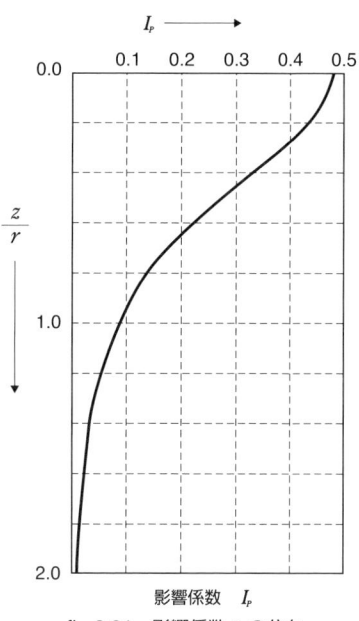

fig.2.30　集中荷重

fig.2.31　影響係数 I_p の分布

ONE POINT

集中荷重による鉛直地中応力は独立基礎に適用し、円形等分布荷重は円形のべた基礎に適用する。影響円法（→043）は不規則な形のべた基礎の地中応力を算出する場合に用いられることが多い。

地中応力（2）

2）円形等分布荷重による地中応力

Boussinesq の解を積分して得られる。

中心直下の鉛直応力

$$\sigma_z = q\left[1 - \left\{\frac{1}{1+(r/z)^2}\right\}^{3/2}\right]$$

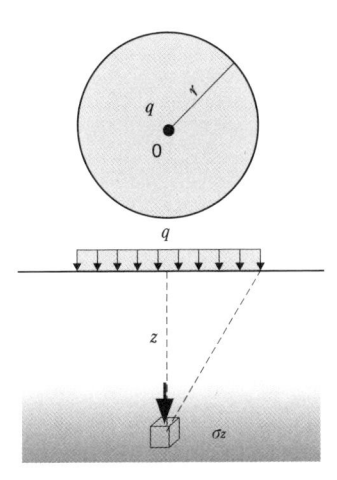

fig.2.32　円形等分布荷重

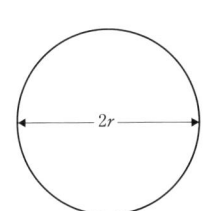

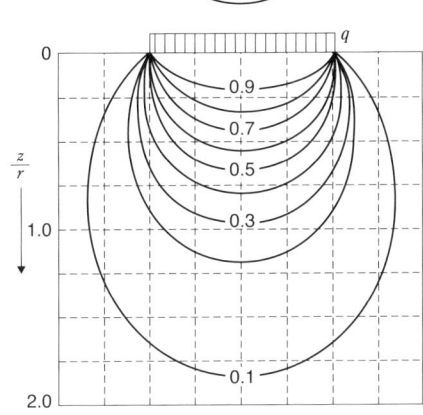

fig.2.33　円形等分布荷重による地中応力分布

3）帯状荷重による地中応力

$$\sigma_z = \frac{q}{2\pi}\left[2(\alpha_2 - \alpha_1) - \sin 2\alpha_1 + \sin 2\alpha_2\right]$$

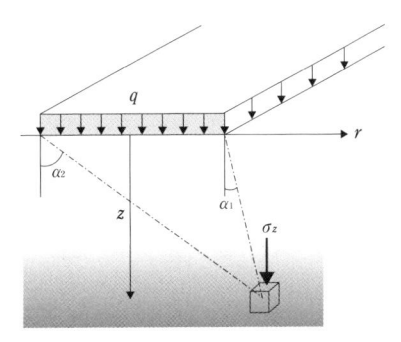

fig.2.34　帯状荷重による地中応力

長方形分割法（1）

1. Steinbrenner（スタインブレナー）の応力解

地盤上に，幅$B×L$の長方形等分布鉛直荷重qが作用した場合の隅角部の深さzにおける増加鉛直応力σ_zを求める弾性解。

➡ Boussinesqの解を積分することにより得られる。

$$\sigma_z = q \cdot f_B(m,n) \cdots\cdots (1)$$

fig.2.35　長方形等分布鉛直荷重

$$f_B(m,n) = \frac{1}{2\pi}\left\{\frac{mn}{\sqrt{m^2+n^2+1}} \cdot \frac{m^2+n^2+2}{(m^2+1)(n^2+1)} + \sin^{-1} \cdot \frac{mn}{\sqrt{(m^2+1)(n^2+1)}}\right\} \cdots\cdots (2)$$

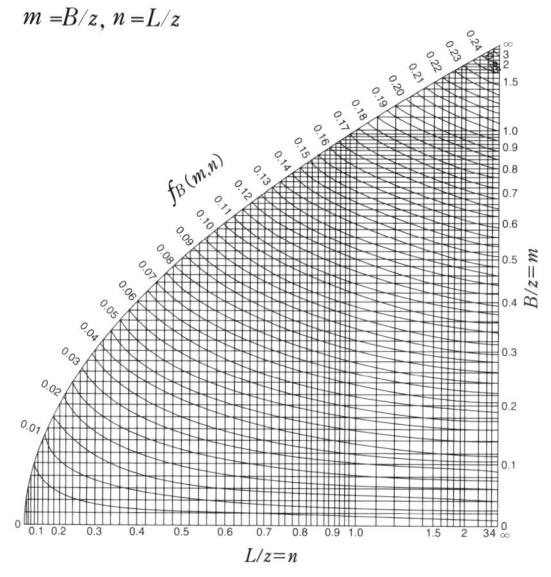

$m = B/z,\ n = L/z$

fig.2.36　$f_B(m,n)$とm,nの関係図

長方形分割法 (2)

2. 建物内部地盤の増加地中応力

複数の長方形等分布鉛直荷重による増加地中応力の和によって求めることができる。

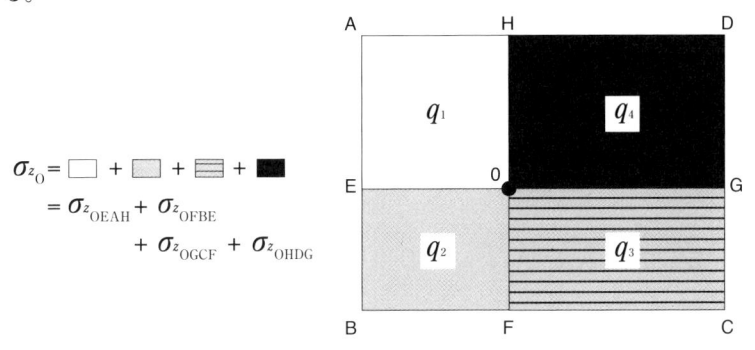

$\sigma_{z_O} = \square + \square + \equiv + \blacksquare$
$= \sigma_{z_{OEAH}} + \sigma_{z_{OFBE}}$
$+ \sigma_{z_{OGCF}} + \sigma_{z_{OHDG}}$

fig.2.37　建物内部地盤の増加地中応力

3. 建物外部地盤の増加地中応力

複数の長方形等分布鉛直荷重による増加地中応力の和と差によって求めることができる。

$\sigma_{z_O} = \sigma_{z_{OGCF}} - \sigma_{z_{OGDE}}$
$- \sigma_{z_{OHBF}} + \sigma_{z_{OHAE}}$

fig.2.38　建物外部地盤の増加地中応力

--- **ONE POINT** ---

式(2)の$\sin^{-1}$はラジアン表示であることに注意。

長方形分割法による計算例（1）

圧密沈下の計算に用いる粘性土層の増加地中応力を求めよ。
基礎寸法：5×10m，荷重度：100kN/m²とする。

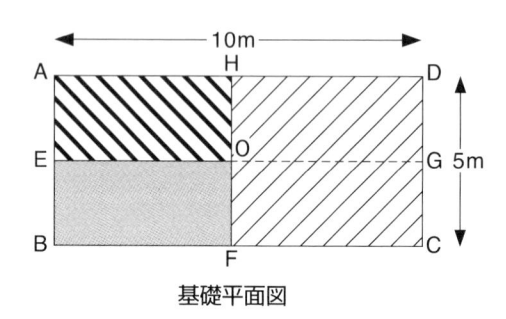

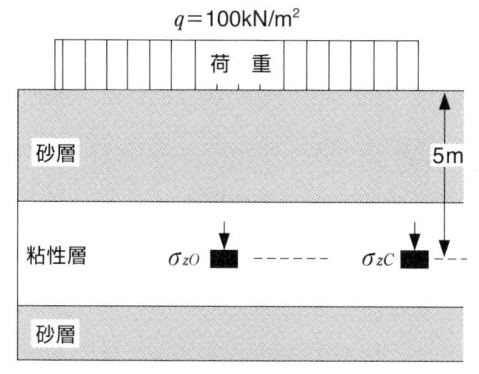

基礎平面図

基礎・地盤断面図

長方形分割法による計算例（2）

1) 建物隅角部（C点）直下
   $B = 5\text{m}, \quad L = 10\text{m}, \quad z = 5\text{m}$
   $m = B/z = 5/5 = 1.0$
   $n = L/z = 10/5 = 2.0$
   fig.2.36 より
   $f_B(m, n) = 0.195$
   $\sigma_{zC} = q \cdot f_B(m, n) = 100 \times 0.195$
   $\sigma_{zC} = 19.5\text{kN/m}^2$

2) 建物辺中央部（H点）直下 ▨ に注目
   $B = 5\text{m}, \quad L = 5\text{m}, \quad z = 5\text{m}$
   $m = B/z = 5/5 = 1.0$
   $n = L/z = 5/5 = 1.0$
   fig.2.36 より
   $f_B(m, n) = 0.175$
   $\sigma_{zH} = 2 \cdot q \cdot f_B(m, n) = 2 \times 100 \times 0.175$
   $\quad = 35\text{kN/m}^2$

3) 建物中央部（O点）直下 ▨ に注目
   $B = 2.5\text{m}, \quad L = 5\text{m}, \quad z = 5\text{m}$
   $m = B/z = 2.5/5 = 0.5$
   $n = L/z = 5/5 = 1.0$
   fig.2.36 より
   $f_B(m, n) = 0.12$
   $\sigma_{zO} = 4 \cdot q \cdot f_B(m, n) = 4 \times 100 \times 0.12$
   $\quad = 48\text{kN/m}^2$

土圧 (1)

1. 地中での鉛直応力 σ'_v と水平応力 σ'_h

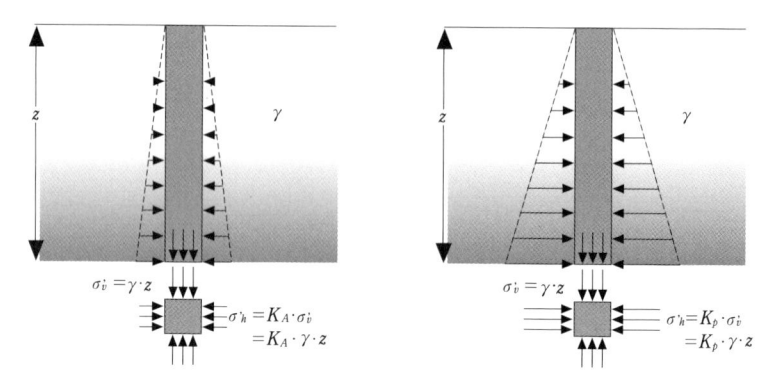

fig.2.39　地中での鉛直応力と水平応力

2. つり合いをとれる（せん断破壊しない）σ'_h の範囲

1) $c=0$，$\phi>0$ の場合

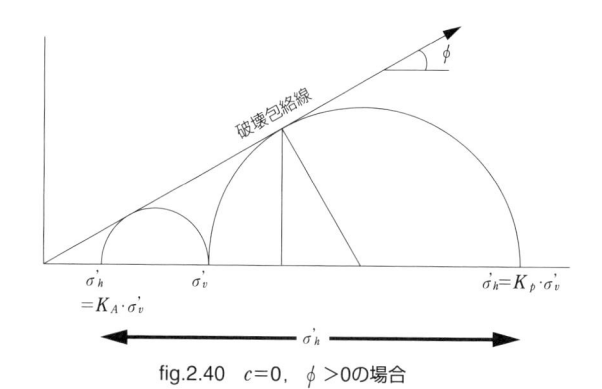

fig.2.40　$c=0$，$\phi>0$ の場合

$$K_A = \frac{\sigma'_h}{\sigma'_v} = \frac{1-\sin\phi}{1+\sin\phi} = \tan^2\left(45°-\frac{\phi}{2}\right) \cdots\cdots 主働土圧係数$$

$$K_P = \frac{\sigma'_h}{\sigma'_v} = \frac{1+\sin\phi}{1-\sin\phi} = \tan^2\left(45°+\frac{\phi}{2}\right) \cdots\cdots 受働土圧係数$$

$$K_A * K_P = 1$$

ONE POINT

剛な壁が土を側方に移動させると元の地盤は緩み σ'_v は一定で σ'_h は次第に減少し、ついには破壊包絡線（Coulomb線）に接して地盤は破壊する。今度は逆に周辺の土が剛な壁を側方に移動させると、一方の地盤は抵抗するため σ'_v は一定で σ'_h は次第に増大し破壊包絡線に接すると地盤は破壊する。

土圧 (2)

2) $c>0$, $\phi>0$ の場合

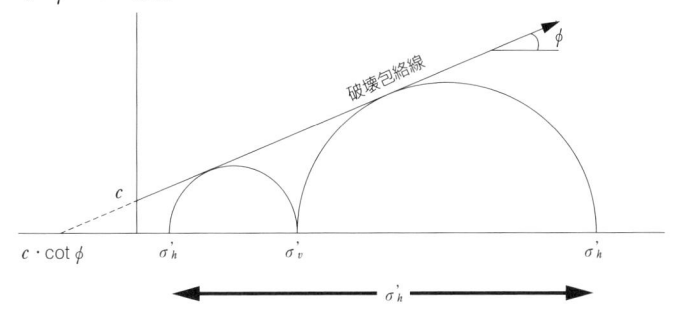

fig.2.41　$c>0$, $\phi>0$ の場合

主働土圧
$$\sigma'_h = \gamma \cdot z \cdot \tan^2(45°-\frac{\phi}{2}) - 2c \cdot \tan(45°-\frac{\phi}{2})$$
$$= \gamma \cdot z \cdot K_A - 2c \cdot \tan(45°-\frac{\phi}{2})$$

受働土圧
$$\sigma'_h = \gamma \cdot z \cdot \tan^2(45°+\frac{\phi}{2}) + 2c \cdot \tan(45°+\frac{\phi}{2})$$
$$= \gamma \cdot z \cdot K_P + 2c \cdot \tan(45°+\frac{\phi}{2})$$

3. 土圧の種類

土圧には3種類ある（$K_A \leq K_O \leq K_P$）。

① 静止土圧　　　　②主働土圧　　　　③受働土圧
（静止土圧係数:K_0）（主働土圧係数:K_A）（受働土圧係数:K_P）

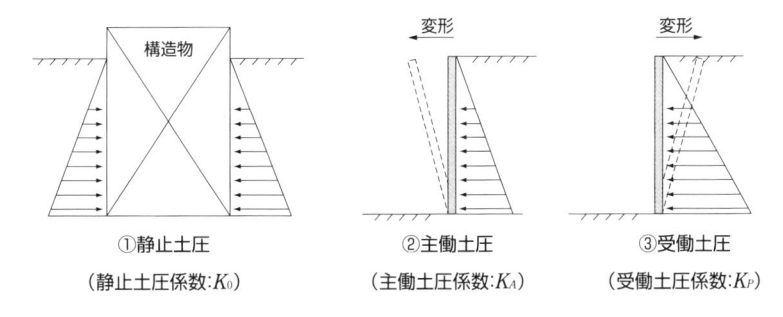

fig.2.42　土圧の種類

ONE POINT

擁壁が前方に回転したときの背後の土の状態を主働状態といい、擁壁が背後に回転したときの状態を受働状態と言う。また、回転しない状態を静止土圧状態と言い、静止土圧係数K_0の値は約0.5である。

主働土圧とその分布（1）

1. 主働土圧 p_a（主働土圧係数：K_A）

壁が転倒する寸前（つり合った）状態の土圧
用途：擁壁，山留め壁の安定計算に用いる荷重

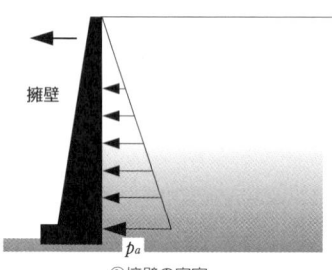

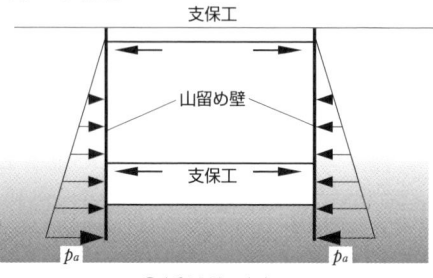

①擁壁の安定　　　　　　　②山留め壁の安定

fig.2.43　主働土圧 p_a

2. 主働土圧分布

1) $c = 0$, $\phi > 0$ の場合

主働土圧　$p_a = K_A \cdot \gamma \cdot z$
$= \tan^2(45° - \dfrac{\phi}{2}) \cdot \gamma \cdot z$

土圧合力　$P_a = \dfrac{1}{2} \cdot K_A \cdot \gamma \cdot z^2$

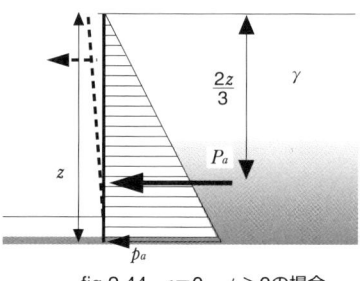

fig.2.44　$c=0$, $\phi>0$ の場合

2) $c > 0$, $\phi > 0$ の場合

$p_a = K_A \cdot \gamma \cdot z - 2c \cdot \tan(45° - \dfrac{\phi}{2})$
$P_a = \dfrac{1}{2} \cdot K_A \cdot \gamma \cdot z^2 - (2z - z_0) \cdot c \cdot \tan(45° - \dfrac{\phi}{2})$
$z_0 = \dfrac{2c}{\gamma} \cdot \tan(45° + \dfrac{\phi}{2})$

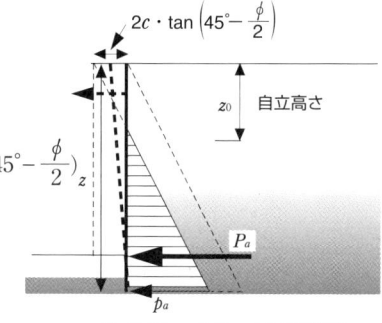

fig.2.45　$c>0$, $\phi>0$ の場合

ONE POINT

土は引張りに抵抗しないから土圧がマイナスで算出された時は0とみなす。p_a は単位長さ当たりの土圧，P_a は力としての土圧の合力をあらわす。なお，いずれの土圧も擁壁の奥行きは1mとみなしている。

主働土圧とその分布 (2)

3) 表面荷重がある場合

$$p_a = K_A \cdot \gamma \cdot z + K_A \cdot q$$

$$= K_A \cdot (\gamma \cdot z + q)$$

$$P_a = \frac{1}{2} \cdot K_A \cdot \gamma \cdot z^2 + K_A \cdot q \cdot z$$

$$= K_A \cdot (\frac{1}{2} \cdot \gamma \cdot z^2 + q \cdot z)$$

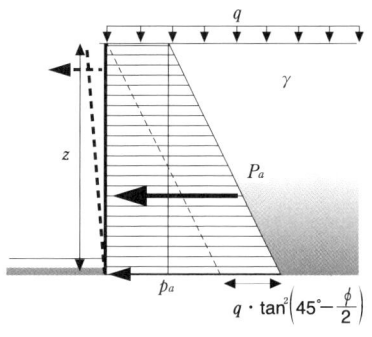

fig.2.48　表面荷重がある場合

4) 地下水位がある場合

$$p_a = K_A \cdot \{\gamma \cdot z_1 + (\gamma - \gamma_w) \cdot z_2\}$$

$$p_w = \gamma_w \cdot z_2 \cdots\cdots\cdots 水圧$$

土圧合力 $P_a = \frac{1}{2} \cdot K_A \cdot (\gamma \cdot z^2 - \gamma_w \cdot z_2{}^2)$

γ_w：水の単位体積重量

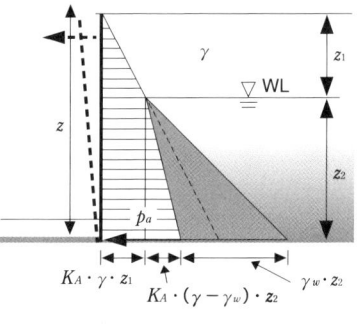

fig.2.49　地下水位がある場合

5) 地盤が傾斜している場合

$$K_A = \frac{\cos^2(\phi-\theta)}{\cos^2\theta \cos(\theta+\delta)\left\{1+\sqrt{\dfrac{\sin(\phi+\delta)\sin(\phi-\alpha)}{\cos(\delta+\theta)\cos(\theta-\alpha)}}\right\}^2}$$

$$p_a = K_A \cdot \gamma \cdot z$$

α：地表面と水平面の角度
θ：壁背面と鉛直面の角度
δ：壁背面の法線と土圧作用方向の角度

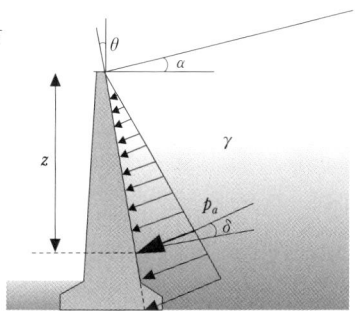

fig.2.50　傾斜がある場合

ONE POINT

宅造法などに準拠して，表面荷重 q は 5〜10kN/m² 程度を見込むことが多い。地下水位がある場合には，水圧を加えることを忘れてはならない。

受働土圧とその分布

1. 受働土圧 p_p（受働土圧係数：K_p）

壁が地盤を押すことによって破壊する寸前の土圧

用途：擁壁，山留め壁，建物の安定計算に使用する抵抗力

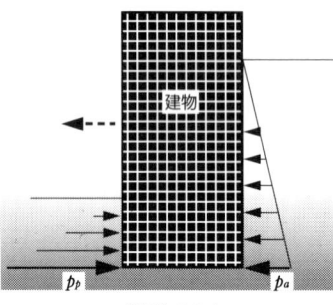

fig.2.49　受働土圧 p_p

①建物の安定　　　②山留め壁の安定

2. 受働土圧分布

1） $c=0$，$\phi>0$ の場合

受働土圧 $p_p = K_p \cdot \gamma \cdot z$

$\qquad = \tan^2(45° + \dfrac{\phi}{2}) \cdot \gamma \cdot z$

土圧合力 $P_p = \dfrac{1}{2} \cdot K_p \cdot \gamma \cdot z^2$

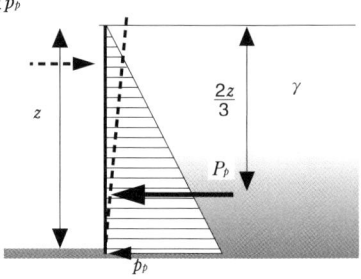

fig.2.50　$c=0$，$\phi>0$ の場合

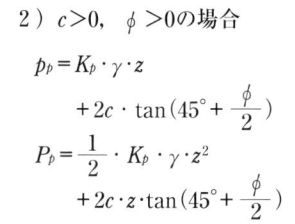

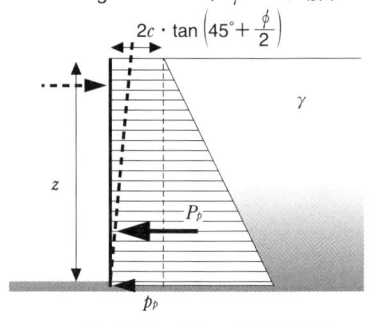

2） $c>0$，$\phi>0$ の場合

$p_p = K_p \cdot \gamma \cdot z$
$\qquad + 2c \cdot \tan(45° + \dfrac{\phi}{2})$

$P_p = \dfrac{1}{2} \cdot K_p \cdot \gamma \cdot z^2$
$\qquad + 2c \cdot z \cdot \tan(45° + \dfrac{\phi}{2})$

fig.2.51　$c>0$，$\phi>0$ の場合

ONE POINT

受働土圧はいわゆる主動土圧に対して抵抗側に働く力であり，擁壁の安定計算などでは安全側として受働土圧を無視することが多い。

静止土圧とその分布

1. 静止土圧 p_0（静止土圧係数：K_0）

地下壁や土がまったく動かず，安定した状態の土圧

用途：平坦地盤の地中水平応力，建物の地下壁に作用する土圧（壁の設計）

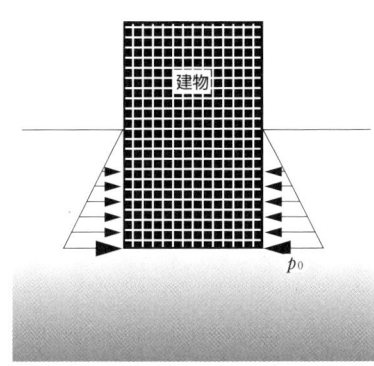

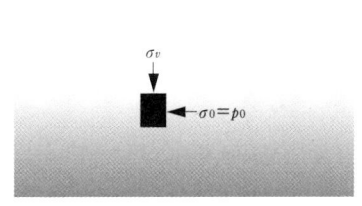

①地下壁に作用する土圧　　②平坦地盤の水平応力

fig.2.52　静止土圧　p_0

$K_0 = 1 - \sin \phi'$ ………… $\phi' = 30°$ で $K_0 = 0.5$

安定した自然堆積地盤では $K_0 = 0.4 \sim 0.5$ を採用する。

埋立て直後の粘性土地盤では $K_0 = 0.8 \sim 1.0$ を採用する。

2. 静止土圧分布

$p_0 = K_0 \cdot \gamma \cdot z$

$P_0 = \dfrac{1}{2} K_0 \cdot \gamma \cdot z^2$

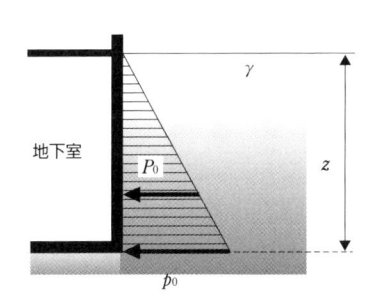

fig.2.53　静止土圧分布

ONE POINT

静止土圧係数 K_0 は塑性指数 I_p（I_p：土の液性限界－塑性限界）の関数として，$K_0 = 0.4 (1 + 0.1\sqrt{I_p})$ であらわせる。

土圧の計算例（1）

1. 壁がまったく動けない場合の土圧

静止土圧

$$K_0 = 1 - \sin \phi' = 1 - \sin 30°$$
$$= 0.5$$
$$p_0 = (\gamma \cdot z + q) \cdot K_0$$
$$= (18.0 \times 5 + 10.0) \times 0.5$$
$$= 50.0 \text{kN/m}^2$$

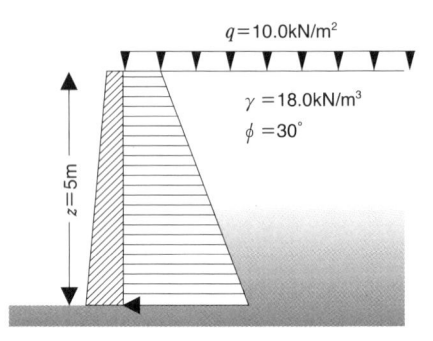

$q = 10.0 \text{kN/m}^2$
$\gamma = 18.0 \text{kN/m}^3$
$\phi = 30°$
$z = 5\text{m}$

壁に作用する全静止土圧（幅1m）

$$P_0 = \frac{1}{2} \cdot K_0 \cdot \gamma \cdot z^2 + K_0 \cdot q \cdot z = K_0 \cdot (\frac{1}{2} \cdot \gamma \cdot z^2 + q \cdot z)$$
$$= 0.5 \times (0.5 \times 18.0 \times 25.0 + 10.0 \times 5.0)$$
$$= 0.5 \times (225.0 + 50.0) = 137.5 \text{kN}$$

2. 壁が前面に動き出す場合の土圧

主働土圧

$$K_A = \tan^2 (45° - \frac{\phi}{2}) = \tan^2 (45° - 15°) = \tan^2 30° = 0.33$$
$$p_a = (\gamma \cdot z + q) \cdot K_A$$
$$= (18.0 \times 5 + 10.0) \times 0.33$$
$$= 33.0 \text{kN/m}^2$$

壁に作用する全主働土圧（土圧合力）（幅1m）

$$P_a = \frac{1}{2} \cdot K_A \cdot \gamma \cdot z^2 + K_A \cdot q \cdot z = K_A \cdot (\frac{1}{2} \cdot \gamma \cdot z^2 + q \cdot z)$$
$$= 0.33 \times (0.5 \times 18.0 \times 25.0 + 10.0 \times 5.0)$$
$$= 0.33 \times (225.0 + 50.0) = 90.8 \text{kN}$$

土圧の計算例(2)

地下水位が高い場合の主働土圧・水圧を求めよ。

1) 主働土圧係数
$$K_A = \tan^2\left(45° - \frac{\phi}{2}\right) = \tan^2(45° - 15°)$$
$$= 0.33$$

2) 地下水位以浅の主働土圧
$$p_a = (\gamma \cdot z + q) \cdot K_A$$
$$p_{a1} = (18.0 \times 2 + 10) \times 0.33$$
$$= 15.2 \text{kN/m}^2$$

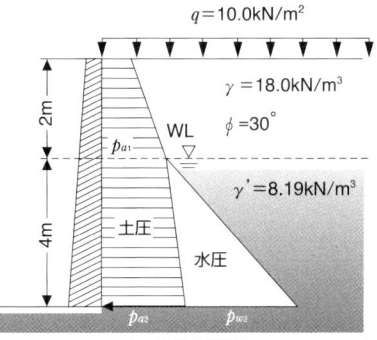

地下水位以浅の全主働土圧（幅1m）
$$P_a = \frac{1}{2} \cdot K_A \cdot \gamma \cdot z^2 + K_A \cdot q \cdot z = K_A \cdot \left(\frac{1}{2} \cdot \gamma \cdot z^2 + q \cdot z\right)$$
$$P_{a1} = 0.33 \times (0.5 \times 18.0 \times 4.0 + 10.0 \times 2.0)$$
$$= 0.33 \times (36.0 + 20.0) = 18.5 \text{kN}$$

3) 地下水位以深の主働土圧・水圧
$$p_a = p_{a1} + \{\gamma'(z - z_1)\} \cdot K_A \qquad p_w = \gamma_w(z - z_1)$$
$$p_{a2} = 15.2 + (8.19 \times 4) \times 0.33 \qquad p_{w2} = 9.81 \times 4$$
$$= 26.0 \text{kN/m}^2 \qquad\qquad\qquad = 39.24 \text{kN/m}^2$$

地下水位以深の全土圧・水圧（幅1m）
$$P_{a2} = \frac{1}{2} \cdot (p_{a1} + p_{a2}) \cdot (z - z_1) \qquad P_{w2} = \frac{1}{2} \cdot p_{w2} \cdot (z - z_1)$$
$$= 0.5 \times (15.2 + 26.0) \times 4.0 \qquad\quad = 0.5 \times 39.24 \times 4.0$$
$$= 82.4 \text{kN} \qquad\qquad\qquad\qquad\quad = 78.5 \text{kN}$$

4) 壁に作用する全主働土圧・水圧
$$P = P_{a1} + P_{a2} + P_{w2} = 18.5 + 82.4 + 78.5$$
$$= 179.4 \text{kN}$$

土と地盤の透水性（1）

粒状土　→　粒径大　→　透水性高い（水が抜けやすい）
粘性土　→　粒径小　→　透水性低い（水が抜けにくい）

1．砂・レキ地盤の問題
1）掘削工事
　　地下水位低下の影響が遠くまで及ぶ　→　周辺地盤の沈下
　　多量の水を汲み上げる必要がある　→　井戸涸れ
　　地中で大きな水流　→　掘削底面でのボイリング（山留め崩壊）
2）杭・地中連続壁の施工
　　掘削孔の崩壊が起こりやすい　→　杭の施工不良

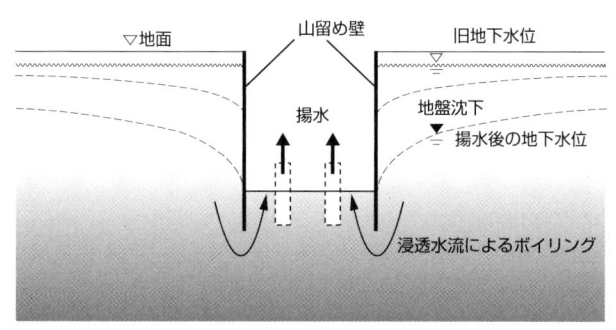

fig.2.54　ボイリング

2．粘性土地盤の問題
1）圧密沈下
　　埋立て地盤上の建物で大きな沈下が長期間継続する
2）施工時の問題
　　水はけが悪く，いったん水を含むと抜けにくく，強度が低下する

　　　　　　↓
　　　地盤改良の必要性

ONE POINT
地盤の透水性が問題になるのは主に地下工事であり，伏流水（流れを有する地下水）や被圧地下水（土かぶり圧を受けている地下水）にあたると，時々工事に支障をきたすことがある。また，地下水の汲上げは周辺の環境問題と密接に結びついている。

土と地盤の透水性 (2)

3. 粘性土―砂質2層地盤の問題

掘削底面での盤ぶくれ（山留め崩壊）

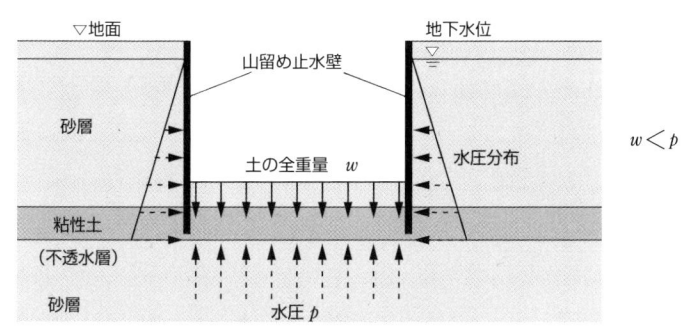

fig.2.55　掘削底面での盤ぶくれ（山留め崩壊）

$w < p$

4. 掘削地盤の揚水量の計算

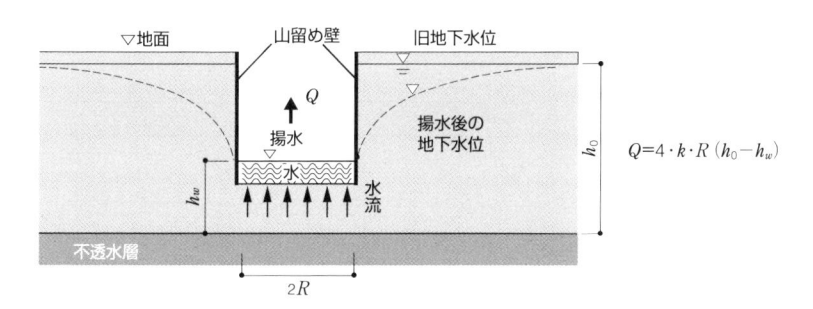

fig.2.56　部分貫入井戸（底面より排水）

$Q = 4 \cdot k \cdot R (h_0 - h_w)$

ONE POINT

盤ぶくれとは，上部に不透水層（粘性土層），下部に透水層（砂層）が存在する地盤の掘削工事において，不透水層より下部の水圧が上部の土の重量を上回ることにより，不透水層がふくれあがる現象で，山留め壁の崩壊など大事故につながる。

透水性の定式化

1. 透水係数 k (cm/sec)

ダルシーの法則

断面Aを一定時間に流れる水量Qは透水係数kと動水勾配iに比例する。

$$Q = k \cdot A \cdot i$$

$$i = \frac{\Delta h}{\Delta L}$$

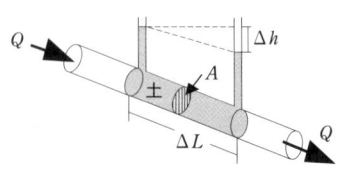

fig.2.57　ダルシーの法則

2. 透水係数の求め方

室内透水試験
圧密試験
現地盤での透水試験
土の粒径分布から推定

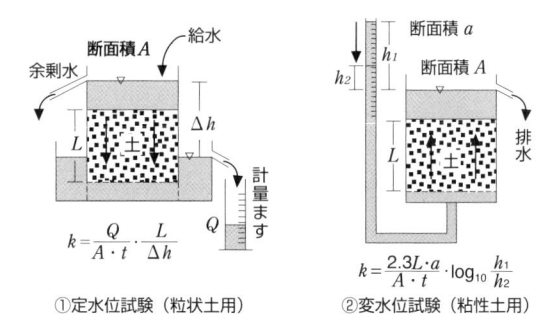

①定水位試験（粒状土用）
$$k = \frac{Q}{A \cdot t} \cdot \frac{L}{\Delta h}$$

②変水位試験（粘性土用）
$$k = \frac{2.3L \cdot a}{A \cdot t} \cdot \log_{10} \frac{h_1}{h_2}$$

fig.2.58　室内透水試験

fig.2.59　クレーガーによるD_{20}と透水係数

D_{20} (mm)	k (cm/sec)	土質分類	D_{20} (mm)	k (cm/sec)	土質分類
0.005	3.00×10^{-6}	粗粒粘土	0.18	6.85×10^{-3}	微粒砂
0.01	1.05×10^{-5}	細粒シルト	0.20	8.90×10^{-3}	
			0.25	1.40×10^{-2}	
0.02	4.00×10^{-5}	粗粒シルト	0.30	2.20×10^{-2}	中粒砂
0.03	8.50×10^{-5}		0.35	3.20×10^{-2}	
0.04	1.75×10^{-4}		0.40	4.50×10^{-2}	
0.05	2.80×10^{-4}		0.45	5.80×10^{-2}	
0.06	4.60×10^{-4}	極微粒砂	0.50	7.50×10^{-2}	
0.07	6.50×10^{-4}		0.60	1.10×10^{-1}	粗粒砂
0.08	9.00×10^{-4}		0.70	1.60×10^{-1}	
0.09	1.40×10^{-3}		0.80	2.15×10^{-1}	
0.10	1.75×10^{-3}		0.90	2.80×10^{-1}	
0.12	2.60×10^{-3}	微粒砂	1.00	3.60×10^{-1}	
0.14	3.80×10^{-3}		2.00	1.8	細レキ
0.16	5.10×10^{-3}				

ONE POINT

地下水の上向き浸透力によって，土の有効応力がゼロになる時の動水勾配を限界動水勾配i_c（≒γ'/γ_w）と称し，山留め工事のボイリングの検討などに用いる。

砂地盤の液状化

　地下水位が高く緩い砂地盤で震度5以上の地震が発生すると，粒子間の水圧が急上昇して強度を失い，液体のようになる現象を液状化という。
→　建物や土木構造物に大きな被害をもたらす。

液状化を起こす地盤条件
- 深さ20m以内の厚い砂層
- 緩い砂層（間隙が大）
  N 値20以下
- 粘性土分が少ない砂質土
- 地下水位が高い

↓ 大地震発生（震度5以上）

液状化のメカニズム
- 地盤が大きく変形する
- 砂粒子間の水圧が上昇する
- 有効応力が低下する
- 強度低下を起こす
- 地盤が液体のようになる

↓

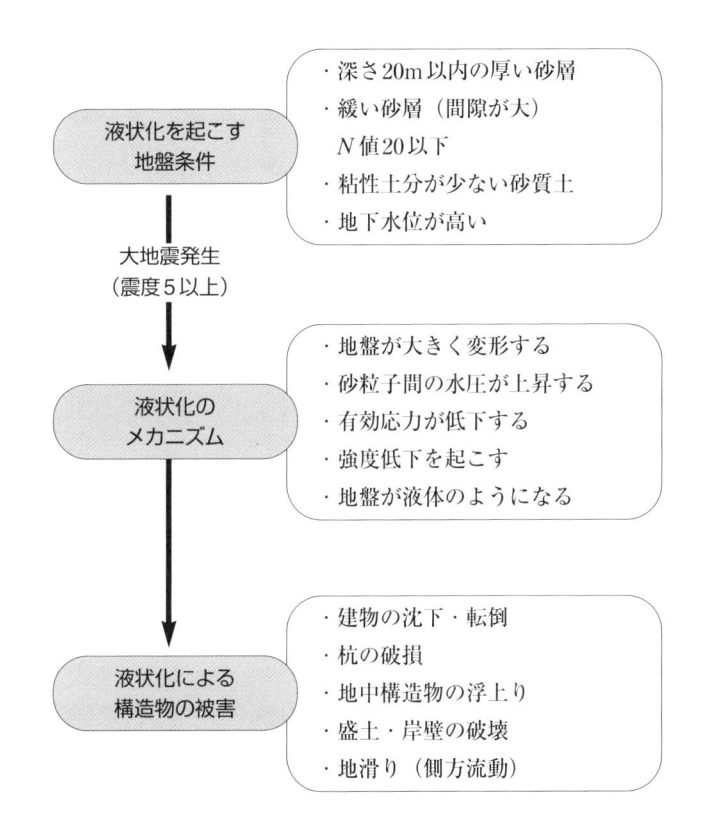

液状化による構造物の被害
- 建物の沈下・転倒
- 杭の破損
- 地中構造物の浮上り
- 盛土・岸壁の破壊
- 地滑り（側方流動）

fig.2.60　液状化の条件・メカニズム・被害

ONE POINT

わが国で液状化現象がクローズアップされたのは，1964年に発生した新潟地震が最初であるが，その後発生した日本海中部地震，釧路沖地震，兵庫県南部地震でも液状化現象が確認されている。液状化が発生した地盤では，火山の噴火口のような噴砂口が地表面に現れる。

液状化のメカニズム

1. 液状化のメカニズム

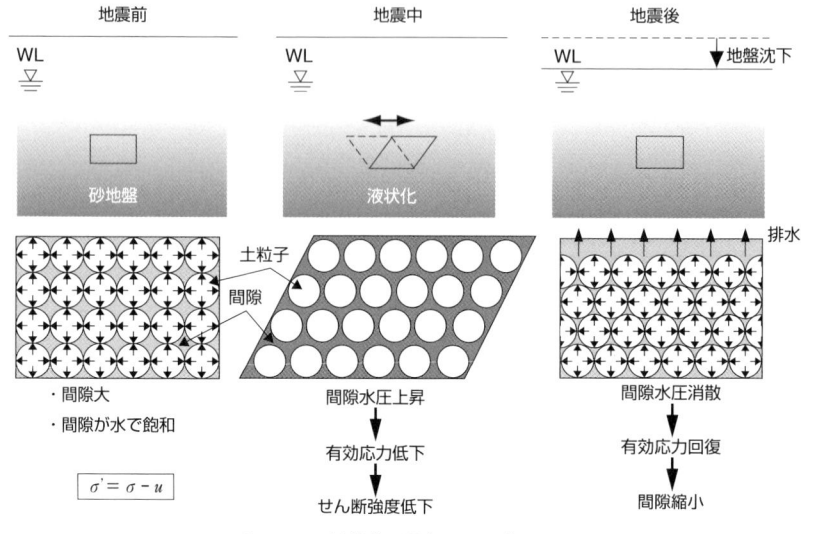

fig.2.61 液状化の発生メカニズム

地震前
- 間隙大
- 間隙が水で飽和

$\sigma' = \sigma - u$

地震中
間隙水圧上昇
↓
有効応力低下
↓
せん断強度低下

地震後
間隙水圧消散
↓
有効応力回復
↓
間隙縮小

2. 液状化に伴う地盤の状態の変化

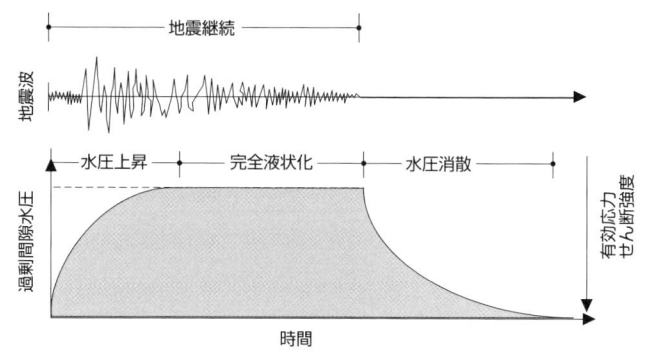

fig.2.62 液状化に伴う地盤の状態の変化

ONE POINT

緩い砂地盤は間隙が大きく，せん断変形すると間隙が縮まろうとする。しかし，間隙が水で満たされていると水が抜けにくく，間隙水圧は上昇（有効応力は低下）する。地震により何度も繰返しせん断変形を受けると，水圧は次第に蓄積され，ついには有効応力がゼロとなり，液体のようになる。

液状化を起こしやすい土・地盤

1. 液状化を起こしやすい土の粒度

粘土やシルトの含有率が低い。

粒径の揃った細砂，中砂。

下記の3種類の土では，Bが最も液状化しやすい。

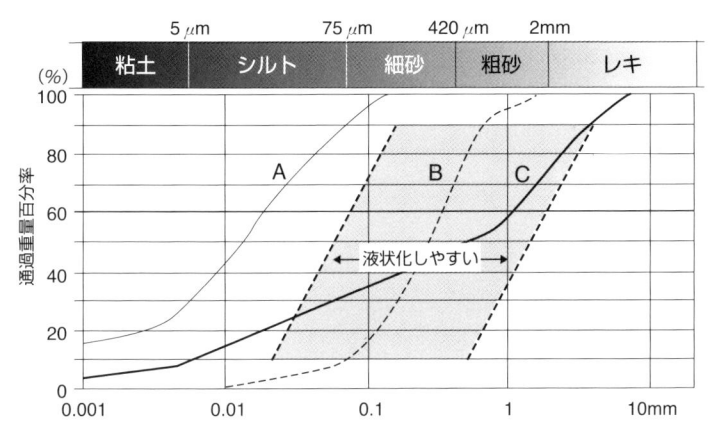

fig.2.63　液状化しやすい土の粒度（粒度曲線）

2. N値の分布

液状化は緩い砂地盤ほど起きやすく，締まった砂地盤では起きにくい。

N値10以下では液状化の可能性がきわめて高く，20以下でも地震の規模によっては可能性がある。

A：可能性大

B：地震の大きさによっては可能性あり

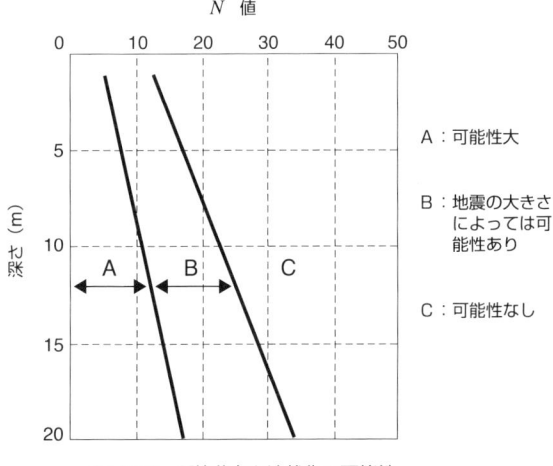

C：可能性なし

fig.2.64　N値分布と液状化の可能性

058 土の基礎知識

液状化による地盤・構造物の被害（1）

液状化を発生すると，地盤はせん断強度を失い，比重1.8前後の液体のようになる。

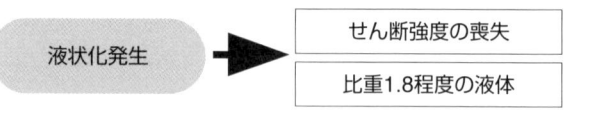

液状化発生 → せん断強度の喪失 / 比重1.8程度の液体

1） 盛土・斜面の滑り破壊
 ・せん断強度の低下，喪失

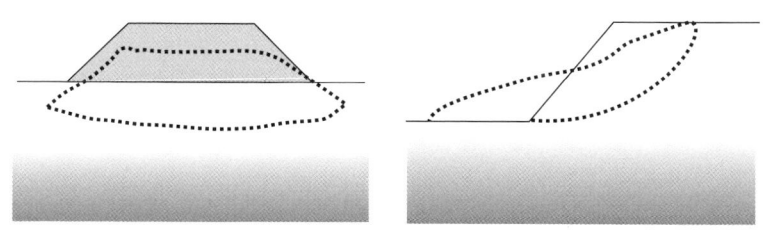

fig.2.65　盛り土・斜面の滑り破壊

2） 地盤の沈下
 ・間隙の縮小

3） 地下構造物の浮き上がり
 ・浮力の増加

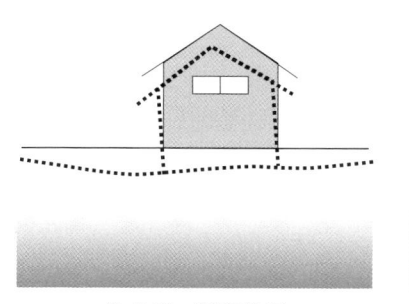

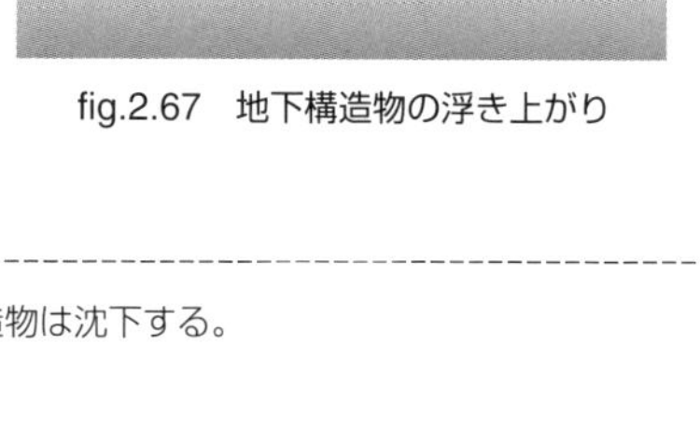

fig.2.66　地盤の沈下

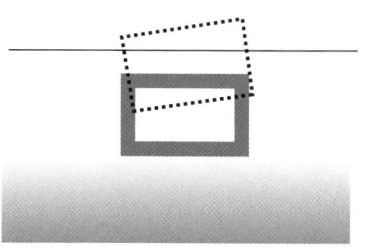

fig.2.67　地下構造物の浮き上がり

----- ONE POINT -----
液状化により軽い構造物は浮き上がり，重い構造物は沈下する。

液状化による地盤・構造物の被害（2）

4）堤防・護岸の破壊
　土圧，水圧の増加
　地盤の側方流動

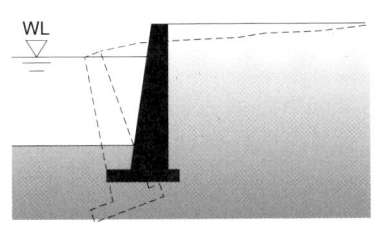

fig.2.70　堤防・護岸の破壊

5）直接基礎建物の沈下・傾斜・転倒
　鉛直支持力の低下，喪失

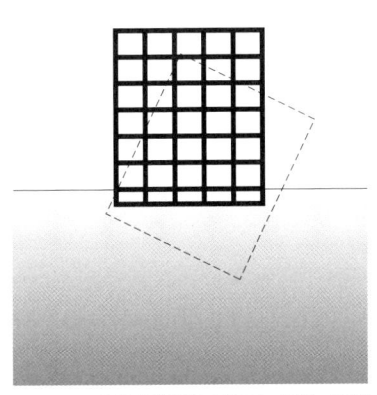

fig.2.71　直接基礎建物の沈下・傾斜・転倒

6）杭基礎建物の沈下，傾斜

①摩擦杭の沈下
　鉛直支持力の低下，喪失

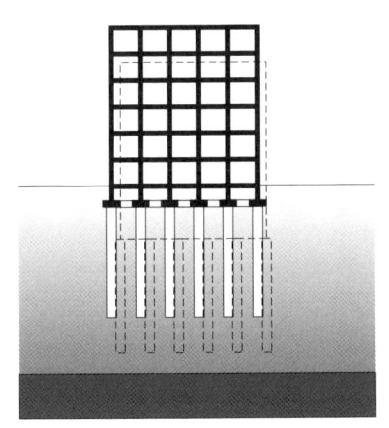

②杭の破壊による沈下，傾斜
　水平支持力の低下，喪失

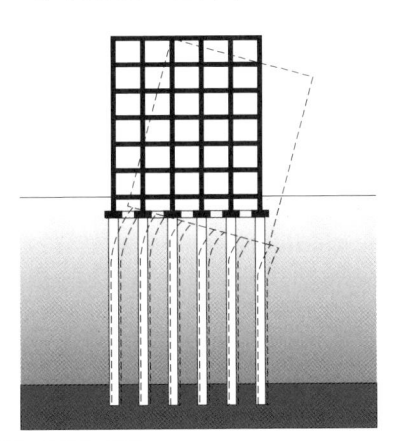

fig.2.72　杭基礎建物の沈下・傾斜

ONE POINT

特に支持杭の建築物では，液状化すると水平力に対する地盤の抵抗力が喪失するため，設計の段階において液状化の可能性がある地盤においては，その影響を考慮して杭の耐力を検討しておく必要がある。

液状化発生の判定法

　地震により地盤が液状化するか否かの判定は，地震時に地盤中に発生するせん断応力と地盤の液状化強度とを比較することによって行うのが一般的である。

1．地震時に発生するせん断応力 τ_d の算定
　1）地盤の地震応答解析により求める方法
　2）地表面最大加速度より推定する方法

$$\tau_d = \gamma_d \cdot \gamma_n \frac{\alpha_{max}}{g} \cdot \sigma_v$$
$$= 0.1 \cdot (M-1) \cdot (1-0.015z) \frac{\alpha_{max}}{g} \cdot \sigma_v$$

　　α_{max}：地表面最大加速度（Gal）
　　　g：重力加速度（980Gal）
　　　σ_v：全鉛直応力（kN/m²）
　　　γ_d：不規則な地震波を等価な規則波の
　　　　　繰返しに補正する係数で $0.1(M-1)$
　　　M：マグニチュード
　　　γ_n：地盤が剛体でないことによる
　　　　　低減係数で $(1-0.015z)$
　　　z：深さ（m）

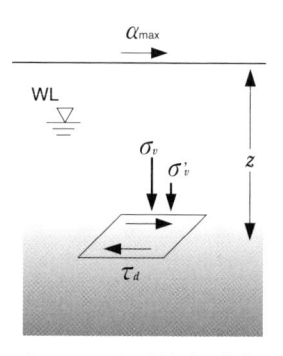

fig.2.73　せん断応力の算定

2．液状化強度 τ_L の算定
　液状化試験（繰返し非排水三軸試験）より直接求める。
　N 値，粘性土分含有率，有効鉛直応力 σ'_v より推定する。

3．液状化発生に対する安全率 F_L の算定

$$F_L = \frac{\tau_L}{\tau_d}$$

　　$F_L > 1.0$　液状化の可能性なし
　　$F_L < 1.0$　液状化の可能性あり

ONE POINT
各深度ごとに F_L 値や液状化により地盤に発生するせん断ひずみ γ を求め，これらを深さ方向に積分して得られる液状化危険度指数 P_L 値や地表面水平変位量 D_{cy} より液状化の危険性や被害程度が判定される。これらの数値に基づいて，対策の必要性の判断や対策方法が選定される。

液状化強度を求める試験

繰返し非排水三軸せん断試験（液状化試験）

円筒形の供試体に拘束圧（液圧）を作用させた後，非排水（排水を許さない）状態で，鉛直方向から繰返し載荷し，土の液状化特性を調べる試験。

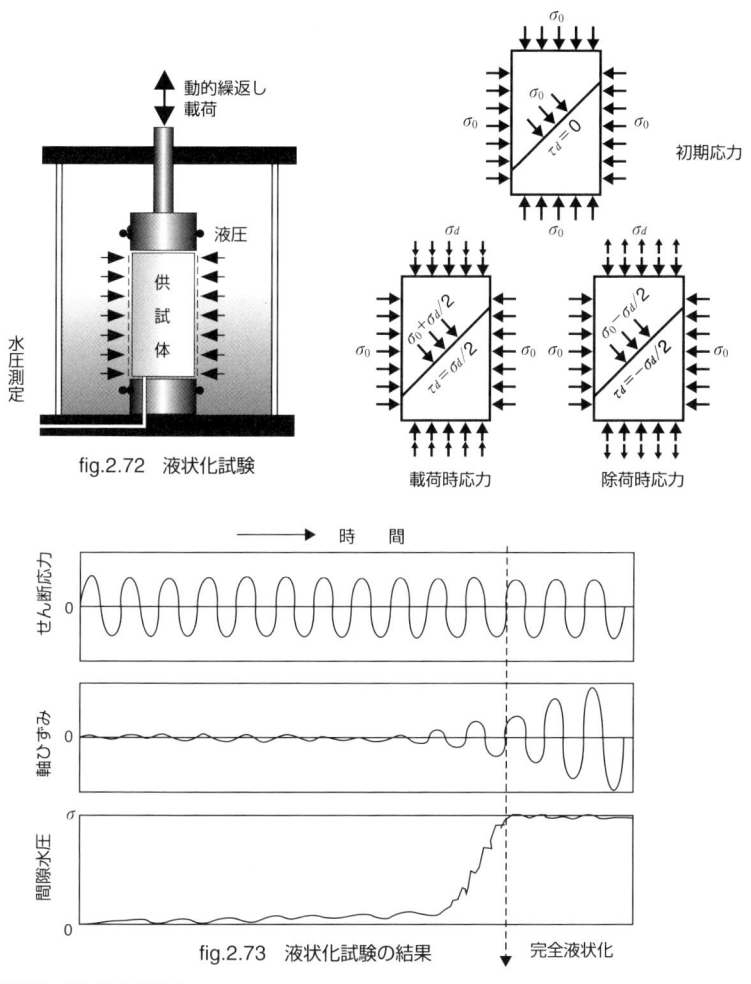

fig.2.72 液状化試験

fig.2.73 液状化試験の結果

ONE POINT

砂の試料を一定の拘束圧下において軸方向に一定の繰返し載荷を行い，マグニチュードに応じた繰返し回数（$M=7.5$なら15回）時において液状化した時のせん断応力を液状化強度 τ_L とする。

液状化を防ぐ方法 (1)

液状化を起こす要因を1つでも取り除けば，液状化は防止できる。

緩い砂地盤 （間隙が大）	→	締め固める （間隙比を縮小する）
大きく変形	→	変形を抑制する
間隙水圧が上昇	→	水圧上昇を抑制する
地下水位が高い （間隙が水で飽和）	→	地下水位を低下させる （間隙を不飽和に）

1. 締固め工法

地中に砂柱を圧入し，地盤を締め固める。

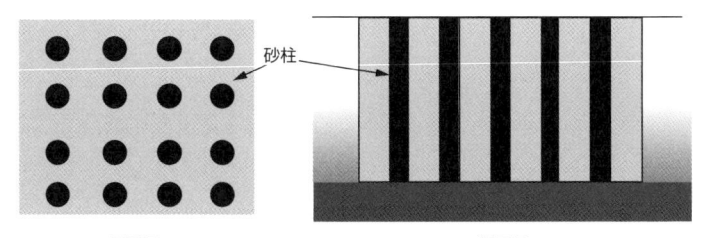

平面図　　　　断面図

fig.2.74　締固め工法

2. 変形抑止工法

地中に鉄筋コンクリート壁，ソイルセメント柱列壁（土とセメントの混合体壁）を構築し，地震時の地盤変形を抑制する。

平面図　　　　断面図

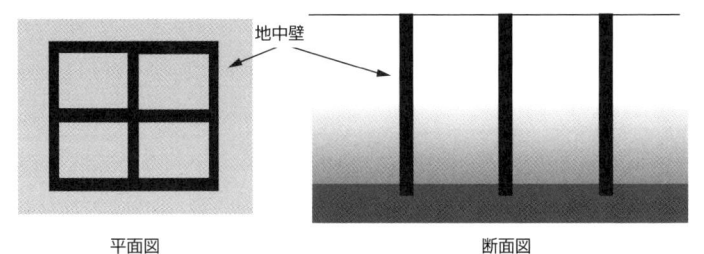

fig.2.75　変形抑止工法

ONE POINT

締固め工法の一種であるサンドコンパクション工法によって改良された地盤上の建物は，兵庫県南部地震において被害が少なかったことにより，この工法は液状化対策工法として非常に優れていることがわかった。→ 8章「地盤改良」参照。

液状化を防ぐ方法（2）

3. 排水促進工法（水圧上昇の抑止）
地中に高透水性のドレーンを埋設し，地震時に上昇しようとする水圧をドレーンにより消散させる。

平面図　　　断面図

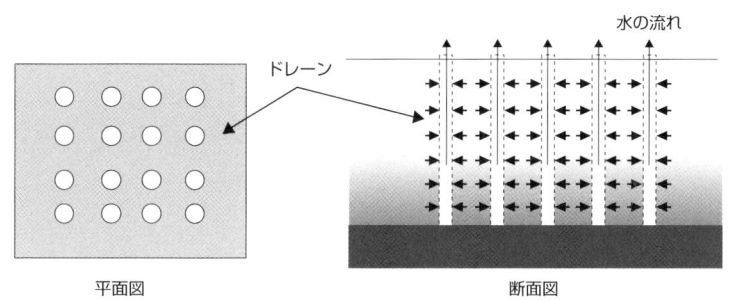

fig.2.76　排水促進工法

4. 地下水位低下工法
地盤を止水壁で囲み，内部の水を汲み上げて地下水位を低下させる。

平面図　　　断面図

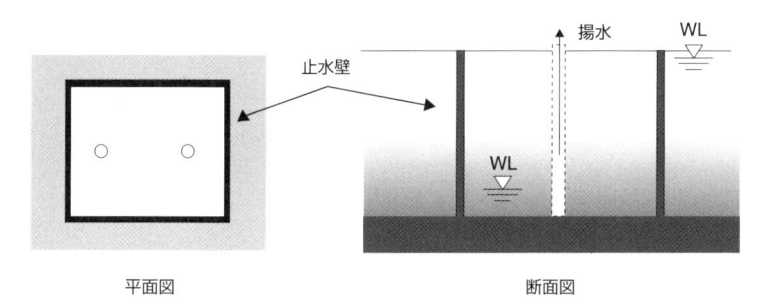

fig.2.77　地下水低下工法

5. 液状化の発生を前提とした構造物対策
一戸建住宅などの小規模建物や狭い敷地に建物を建設する場合には，液状化の発生を防止することができないものも多い。その場合には，以下の対策が講じられる。
　①布基礎からべた基礎に変更する
　②液状化しても破壊しない強い杭を使用する
　③地下室を設ける

第3章 地盤調査

地盤調査

サウンディング（原位置試験）

標準貫入試験(1)

標準貫入試験(2)

土質柱状図

土質柱状図の見方

粘性土に対するN値の利用

砂質土に対するN値の利用

ボーリング孔内水平載荷試験(1)

ボーリング孔内水平載荷試験(2)

スウェーデン式サウンディング試験(1)

スウェーデン式サウンディング試験(2)

地盤調査

1. ボーリング調査の目的

- 地層構成（深さ方向の土の種類や厚さ）の調査
- 地盤中での加力試験（サウンディング）
- 室内土質試験用の土の採取（サンプリング）

上記を目的として，地盤に孔を掘る行為をボーリングと呼ぶ。

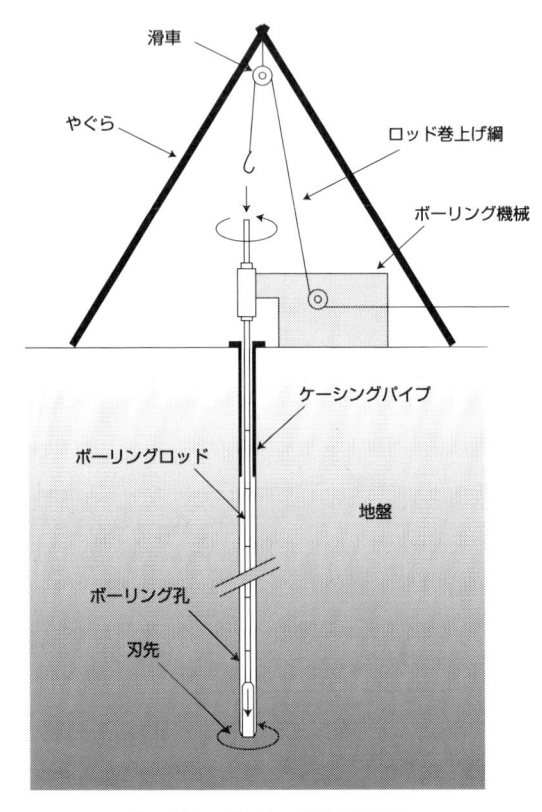

fig.3.01　ボーリング調査概要図

ONE POINT

ボーリングからは地盤の硬軟の程度はわからないが，標準貫入試験と併用することによって有効な地質調査法となる。

サウンディング（原位置試験）

1．サウンディングとは
抵抗体をロッド等で地盤中に挿入し，貫入，回転，加圧等の抵抗値から地盤の固さ，強さなどの性状を調査する方法である。

2．主なサウンディング
1）標準貫入試験
　・最も一般的な試験である
　・戸建住宅を除く建物では必ず実施する
　目的：深さ方向の土の種類，厚さ，硬軟を調査
　得られるデータ：N値
2）スウェーデン式サウンディング試験
　・戸建住宅や超小型建物で利用する
　・比較的軟らかく，地盤の浅い範囲の調査に利用できる
　目的：深さ方向の硬軟を連続的に調査
　得られるデータ：W_{sw}, N_{sw}
3）コーン貫入試験
　・戸建住宅や超小型建物で利用する
　・軟弱粘性土地盤の浅い範囲の調査に利用できる
　目的：深さ方向の硬軟を連続的に調査
　得られるデータ：q_c（コーン貫入抵抗）
4）ボーリング孔内水平載荷試験
　・主に杭の耐震設計に利用する
　・あらゆる地盤に適用できる
　目的：地盤の水平方向の変形係数の調査
　得られるデータ：k_h（水平地盤反力係数），E（地盤のヤング率）

ONE POINT

地質調査法として中規模以上の建築物であれば標準貫入試験が，小規模建築物であればスウェーデン式サウンディング試験が一般的に用いられる。

標準貫入試験（1）

1．標準貫入試験とは

深さ1mごとに，土の硬軟・締まり具合いを判別するためのN値を求めるとともに，土を採取して土の種類，地層構成を調べる。

2．試験手順

①ボーリングロッドの先端に，外径51mm，内径35mmのサンプラーを取り付ける
②ロッドを孔底に降ろす
③63.5kgのハンマーを76cmの高さから落下させてロッドを地中に叩き込む
④ロッドが30cm貫入するのに叩いた回数（N値）を記録する
⑤ロッドを引き上げ，サンプラー内の土の種類を調べる
⑥1mごとに上記作業を繰り返す
⑦深さ方向の土の種類，N値を図示する（土質柱状図）

3．N値

ロッドが30cm貫入するのに叩いた回数。土の力学特性を推定する指標として広く利用されている。
用途：杭の鉛直支持力
　砂質土（内部摩擦角，ヤング率，水平地盤反力係数，液状化強度，弾性波速度）
　粘性土（一軸圧縮強さ，弾性波速度）

4．土質柱状図

標準貫入試験によって調査した地層構成とN値を柱状に表示した地層断面図であり，地盤の特性を一見して把握できる（→ 070, 071参照）。

ONE POINT

通常，貫入量がぴったり30cmにならないことも多くある。この場合，N値を30cm貫入に換算する。ただし，$N \geq 100$の数値は信頼性に問題があるため，N値の上限を100とするケースが多い。

標準貫入試験（2）

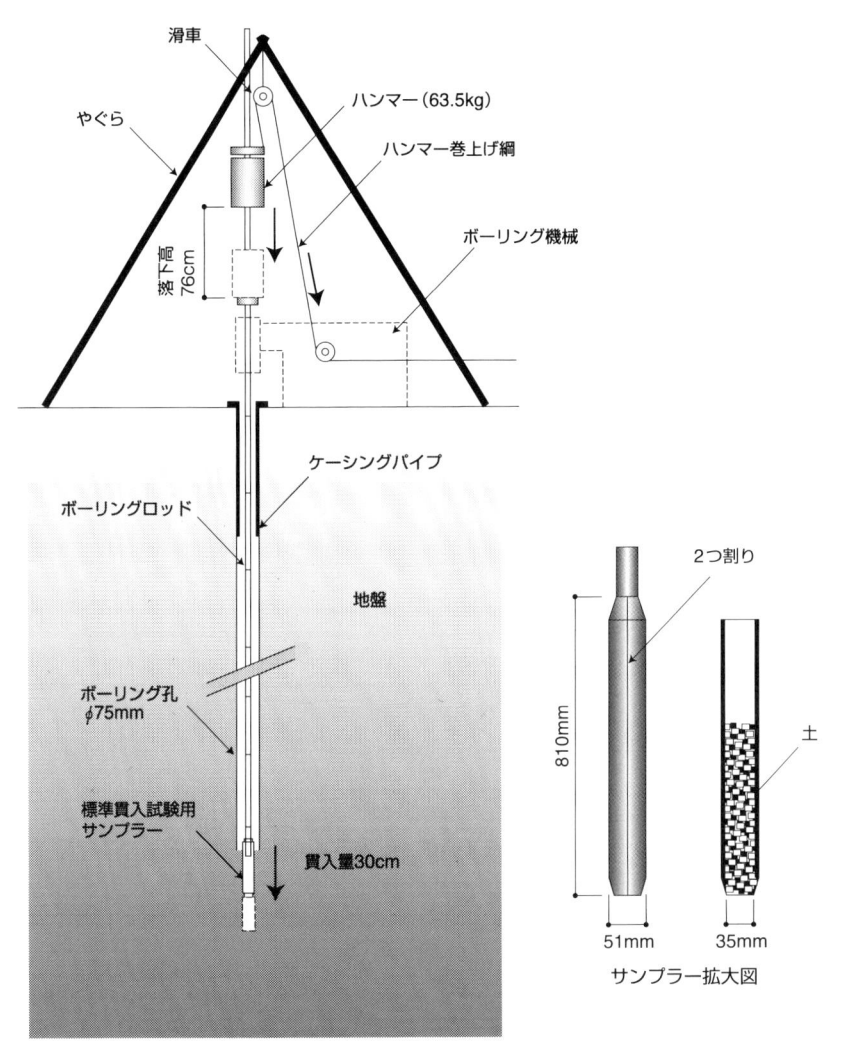

fig.3.02　標準貫入試験概要図

土質柱状図

標尺 (m)	深さ (m)	層厚 (m)	土質記号	色調	土質
0	0				
	1.40	1.40		茶褐色	表土
5	5.32	3.92		灰褐色	シルト
	8.50	3.18		茶褐色	砂質粘土
10	11.60	3.10		灰色	粘土質砂
15	16.50	4.90		灰色	粘土
20	20.50	4.00		茶褐色	レキ混じり砂
	24.00	3.50		茶褐色	シルト質砂
25					

標準貫入試験

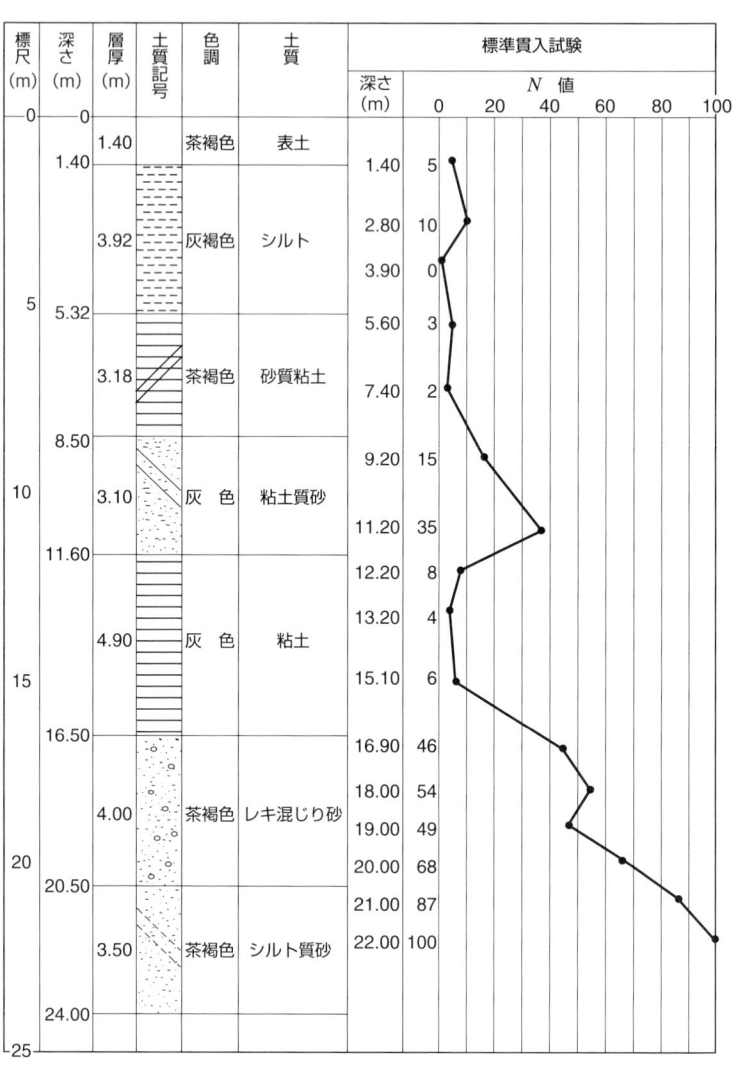

深さ (m)	N 値
1.40	5
2.80	10
3.90	0
5.60	3
7.40	2
9.20	15
11.20	35
12.20	8
13.20	4
15.10	6
16.90	46
18.00	54
19.00	49
20.00	68
21.00	87
22.00	100

fig.3.03 土質柱状図の一例

ONE POINT

土質柱状図（fig.3.03）には，標高や孔内水位および観察記事も示される．また，必要に応じてN値測定位置の細粒土含有率（シルトや粘土分の質量百分率）が示されることもある．

THE SOIL | 071

土質柱状図の見方

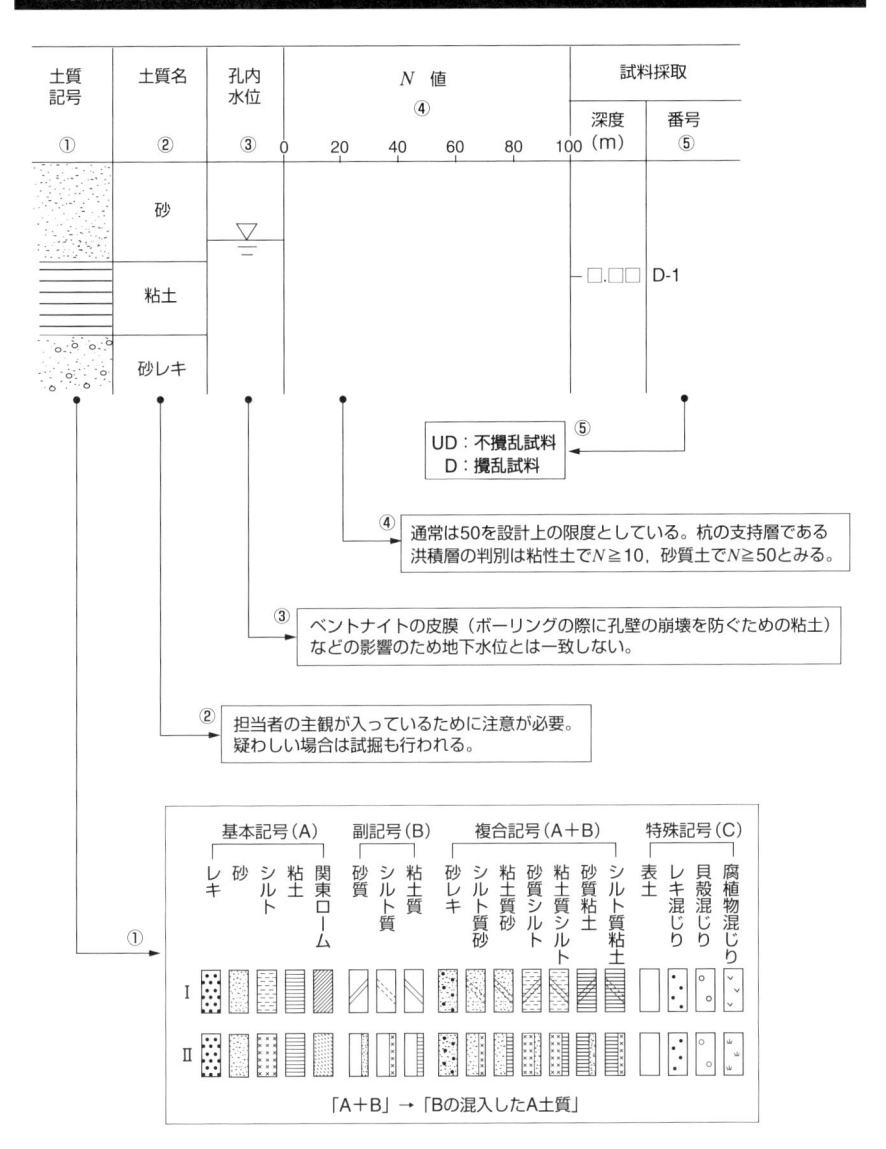

土質記号 ①	土質名 ②	孔内水位 ③	N 値 ④					試料採取	
			0	20	40	60	80	100	深度(m)	番号 ⑤
(砂)	砂	▽								
(粘土)	粘土								□.□□	D-1
(砂レキ)	砂レキ									

⑤ UD：不攪乱試料　D：攪乱試料

④ 通常は50を設計上の限度としている。杭の支持層である洪積層の判別は粘性土で$N≧10$，砂質土で$N≧50$とみる。

③ ベントナイトの皮膜（ボーリングの際に孔壁の崩壊を防ぐための粘土）などの影響のため地下水位とは一致しない。

② 担当者の主観が入っているために注意が必要。疑わしい場合は試掘も行われる。

①
基本記号(A)				副記号(B)		複合記号(A+B)				特殊記号(C)		
レキ	砂	粘土シルト	関東ローム	砂質	粘土質シルト質	砂レキ	シルト質砂	粘土質砂	砂質粘土	シルト質粘土	表土	レキ混じり	貝殻混じり	腐植物混じり

「A+B」→「Bの混入したA土質」

ONE POINT

土質記号には，今まで統一されたものがなく，さまざまな形式のものが使用されている。N値が0とは，ロッドやハンマーの重さだけで30cm以上貫入してしまう極軟弱地盤で，「モンケン自沈」と記される。

粘性土に対するN値の利用

粘性土の硬さ，強さはN値よりある程度推定することができる。

1）N値と締まり度合いとの関係

fig.3.04　N値分布とコンシステンシー・一軸圧縮強さ

N値	<2	2〜4	4〜8	8〜15	15〜30	>30
コンシステンシー	極軟	軟らかい	中位の	硬い	非常に硬い	固結
一軸圧縮強さ q_u（kN/m²）	<25	25〜50	50〜100	100〜200	200〜400	>400

コンシステンシー：土が含水比によって，液体状から固体状まで変化する性質のこと

2）N値と一軸圧縮強さq_uとの関係－直接基礎の支持力，斜面安定

$q_u = 12.5N$（kN/m²）　または　$q_u = N/8$（kgf/cm²）（テルツァーギの式）

$q_u = 40 + 5N$（kN/m²）　または　$q_u = 0.4 + N/20$（kgf/cm²）（大崎の式）

3）N値と杭の鉛直支持力P_uの関係

$P_u =$ 先端支持力 + 周面摩擦力 $= R_P + R_F$（kN）

先端支持力　$R_P = \alpha \cdot N \cdot A_p$（kN）

周面摩擦力　$R_F = \dfrac{1}{2} q_u \cdot L_c \cdot \psi_p$（kN）

　α：支持力係数（工法により異なる）

　A_p：杭底面積

　L_c：粘性土層部の杭長

　ψ_p：杭周長

　$\dfrac{1}{2} q_u$：杭の周面摩擦力度

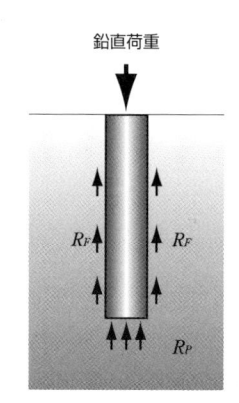

fig.3.05　杭の先端支持力と周面摩擦力

ONE POINT

N値を利用する場合には，以下の点に留意する必要がある。　①レキが混じっていると，強さを過大評価する危険性が大きい。　②同じN値の砂と粘性土では，後者のほうが圧倒的に強い。　③粘性土の強さはN値より推定しないほうがよい（N値0〜5のものが多い）。

砂質土に対するN値の利用

砂の締まり度合い，力学特性はN値より推定することができる。

1）N値と締まり度合いとの関係

fig.3.06　N値分布と締まり度合い・内部摩擦角

N 値	＜10	10～30	30～50	＞50
締まり度合い	緩い	中位の	密な	極密な
内部摩擦角	＜30°	30°～40°	40°～45°	＞45°

2）N値と内部摩擦角ϕとの関係－直接基礎の支持力，斜面安定
　　$\phi = \sqrt{20 \cdot N} + 15°$　（大崎の式）

3）N値とヤング率Eとの関係－地盤・基礎の沈下計算
　　沖積砂　$E = 14 \times 10^2 N$　(kN/m²)
　　洪積砂　$E = 28 \times 10^2 N$　(kN/m²)

4）N値と杭の鉛直支持力P_uの関係
　　$P_u = $先端支持力＋周面摩擦力$= R_P + R_F$　(kN)
　　先端支持力　$R_P = \alpha \cdot N \cdot A_p$　(kN)
　　周面摩擦力　$R_F = \dfrac{10}{3} N \cdot L_s \cdot \psi_p$　(kN)
　　　α：支持力係数（工法により異なる）
　　　A_p：杭底面積
　　　L_s：砂層部の杭長
　　　ψ_p：杭周長
　　　$\dfrac{10}{3} N$：杭の周面摩擦力度

5）N値による液状化強度の推定－液状化の予測
　　深さ，N値，土の粘度組成，土の単位体積重量との関係より，液状化強度を推定し，液状化の可能性を予測する（簡易液状化判定）。

ONE POINT

N値と力学定数との換算式は多いが，いずれも10％以上のバラツキを有しており，この点を考慮した余裕のある設計が望ましい。

ボーリング孔内水平載荷試験（1）

1. 試験方法と目的
　ボーリング孔内に圧力セルを挿入し，圧力セルを介して地盤を水平方向に加力し，圧力と孔壁面の変位の関係より，地盤の変形係数や降伏圧力を求める試験である。

2. 試験手順
①ボーリング孔内に加圧セルを挿入する
②セルを段階的に加圧する
③各荷重段階で一定時間保持し，圧力と変位を計測する
④極限圧力に達した時点で試験を終了する

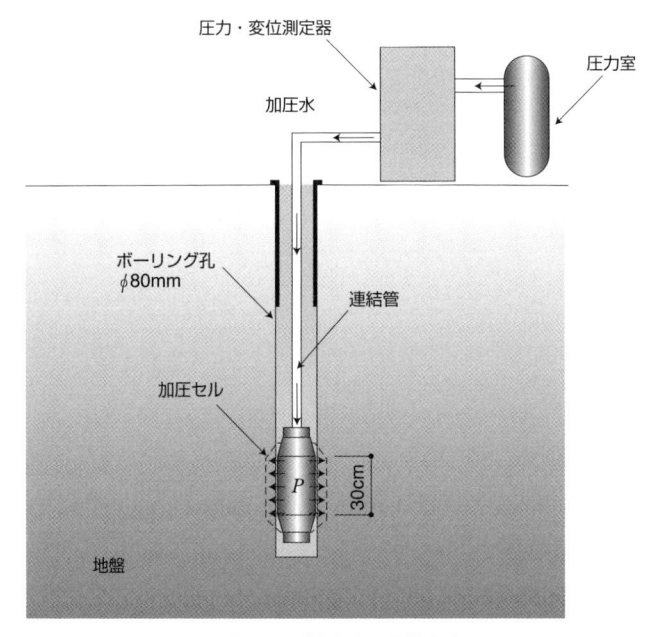

fig.3.07　ボーリング孔内水平載荷試験

ONE POINT

原位置調査法の中でも境界条件が比較的明瞭なため，信頼性が高い。現状では，地質の水平方向の変形特性を決定するためによく用いられている。

ボーリング孔内水平載荷試験（2）

3．試験結果の利用

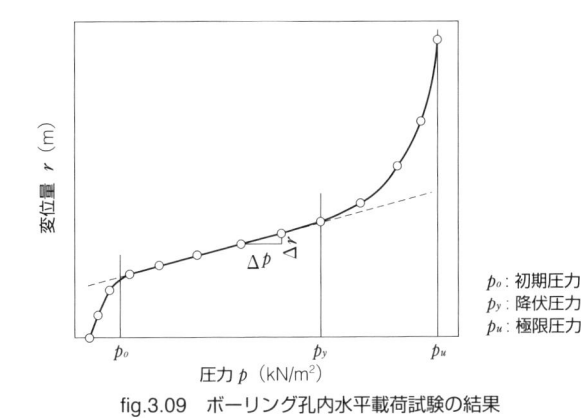

fig.3.09　ボーリング孔内水平載荷試験の結果

p_o：初期圧力
p_y：降伏圧力
p_u：極限圧力

1）ヤング率E──水平地盤反力係数などの算定に利用

$$E = (1-\nu) \cdot r_m \cdot \frac{\Delta p}{\Delta r} \ (\mathrm{kN/m^2})$$

　　r_m：平均半径

2）水平地盤反力係数k_h──杭の水平抵抗の算定に利用

$$k_h = 2.5 \cdot E \cdot B^{-3/4} \ (\mathrm{kN/m^3})$$

　　B：杭径（m）
　　E：地盤のヤング率（kN/m²）

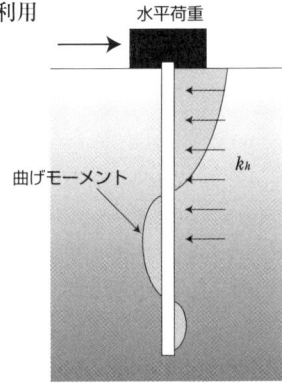

3）N値とヤング率Eの関係

$$E = 700 \cdot N \ (\mathrm{kN/m^2})$$

4）降伏圧力p_yと圧密降伏応力p_cとの関係

$$p_y = p_c$$

fig.3.10　杭に生じる曲げモーメント分布

ONE POINT

孔内水平載荷試験の結果はボーリング孔壁面の仕上がりの精度に大きく影響される。信頼性を高めるためには，できるだけ乱れの少ない滑らかな試験孔に仕上げる必要がある。

スウェーデン式サウンディング試験（1）

1. スウェーデン式サウンディング試験とは
　地表面から最大深さ10mまでの，軟質な土の硬軟・締まり具合い，土層構成を判別するための抵抗値を求めるための試験である。

2. 試験手順
① ロッドの先端にスクリューを取り付ける
② ロッドを地表面に垂直に立てる
③ 最初に50N ｛5kg｝の荷重を載荷し，貫入するかどうか確かめる
④ 貫入しない場合は，貫入するまで次々と載荷する。ただし，最大1kN｛100kg｝までとする（W_{sw}）
⑤ 1kNでも貫入しない場合は，おもりをのせたまま，25cm貫入するまでハンドルを回転し，半回転数を測定する
⑥ 25cm当たりの半回転数を貫入量1m当たりの半回転数に換算する（N_{sw}）
⑦ 上記作業を貫入不可となるまで繰り返す

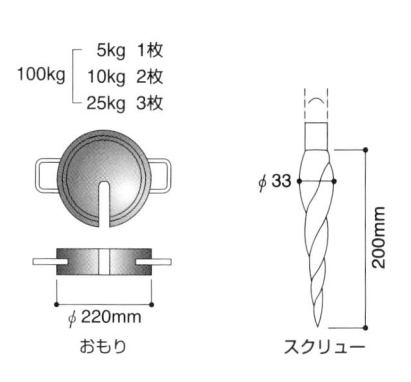

fig.3.10　スウェーデン式サウンディング試験

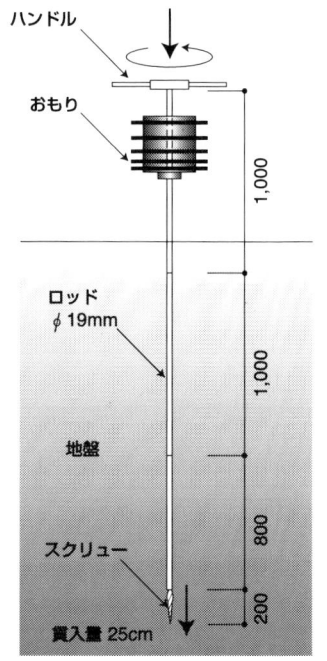

スウェーデン式サウンディング試験（2）

3．試験データ

W_{sw}：1kN以下で貫入した場合の荷重（N）

N_{sw}：W_{sw}の状態で，1m貫入するのに要した半回転数

試験結果図：W_{sw}, N_{sw}を25cmごとに断面図として記録した図。試験時の音や状態も記録する

4．試験結果の利用

1）N値との関係

砂質土　$N = 0.002W_{sw}(N) + 0.067N_{sw}$

粘性土　$N = 0.003W_{sw}(N) + 0.050N_{sw}$

2）粘性土の一軸圧縮強さq_uとの関係

$q_u = 0.045W_{sw}(N) + 0.75N_{sw}$（kN/m²）

3）地盤の長期許容支持力q_aとの関係

$W_{sw} \leq 1,000N$の場合

$q_a = 30W_{sw}$（kN/m²）

$N_{sw} > 0$の場合

$q_a = 30 + 0.6N_{sw}$（kN/m²）

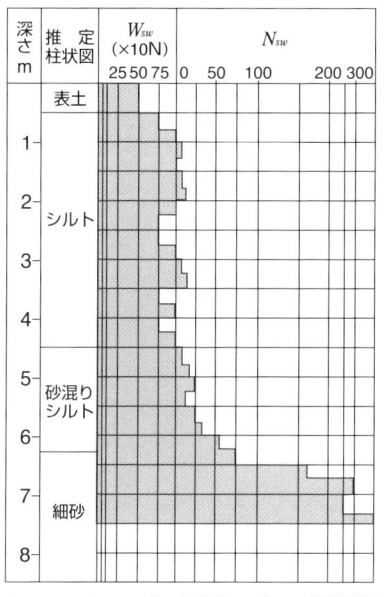

fig.3.11　スウェーデン式サウンディング試験結果

5．試験結果を用いる場合の注意事項

・戸建住宅用の地盤調査法として広く利用されている。
　（ボーリング調査より格段に低コスト）
・砂質土，硬質土には不適である
・深い位置の地盤特性を把握できない
・N値，q_u，q_aとの関係は厳密な値ではない

ONE POINT

操作が簡便なため広く利用されているが，ロッドの摩擦や回転時のブレおよび自沈層の評価などに問題点がある。また，N値やq_u値の換算においても，10％程度のバラツキがあることを知っておく必要がある。

第4章 地盤と地震

地盤と地震動 1
地盤と地震動 2
基盤地震動と表層地盤の増幅特性
地盤と建物の固有周期
地盤の振動モデル
土の動的性質
建物と地盤の動的相互作用
杭基礎建物での地震動観測例
地盤・建物の相互作用解析モデル 1
地盤・建物の相互作用解析モデル 2

地盤と地震動1

1. 地盤を伝わる地震波

　震源で発生した地震波は，実体波・表面波として地盤中を伝わり，建物に作用する。

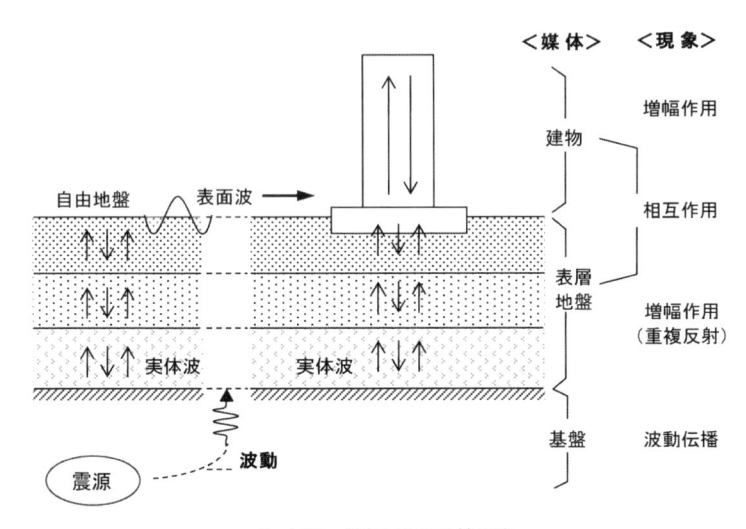

fig.4.01　地盤を伝わる地震波

2. 地震時の地盤の働き

　建物を支えている地盤は，地震時には地震波を建物に伝えたり，建物の揺れのエネルギーを地盤中に逃がす役割をする。
　1）地震動の伝搬作用
　　地震波動を震源から遠方に伝える作用
　2）地震動の増幅作用
　　地盤中の地震波動の透過・反射により地震動の振幅を増大させる作用
　3）地盤と建物の動的相互作用
　　地盤を通じて建物に地震動が入射する一方，建物の揺れが地盤を変形させて振動エネルギーを地盤中に逸散させる作用

ONE POINT

地震時における地盤の揺れは，地盤種別（硬さ）や地形により異なる。軟弱な地盤では，硬い地盤に比べて地震動が増幅されやすい。

地盤と地震動2

1. 地盤種別と地震動

- 地盤の種類は以下の3種類に分類される。
- 建築基準法では，建物の固有周期による揺れの強さの違いを振動特性係数（Rt）として設定している。

fig.4.02　地盤種別

地盤種別	性　　　状
第1種地盤	岩盤，砂礫層の硬い地層で構成され地盤周期（$T_g≦0.2s$）と認められる。
第2種地盤	第1種地盤および第3種地盤以外（$T_g=0.2〜0.75s$）
第3種地盤	柔軟な沖積層が厚く堆石した地盤で地盤周期（$T_g>0.75s$）と認められる。

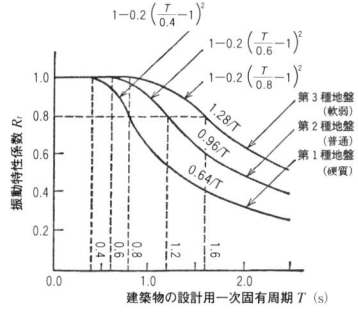

fig.4.03　振動特性係数

2. 地盤中での地震波の増幅

- 地震波は地盤中を上昇・下降して繰り返し伝搬するうち，地表面近傍で増幅される。→一般に，地表面に近いほど加速度が大きくなる。

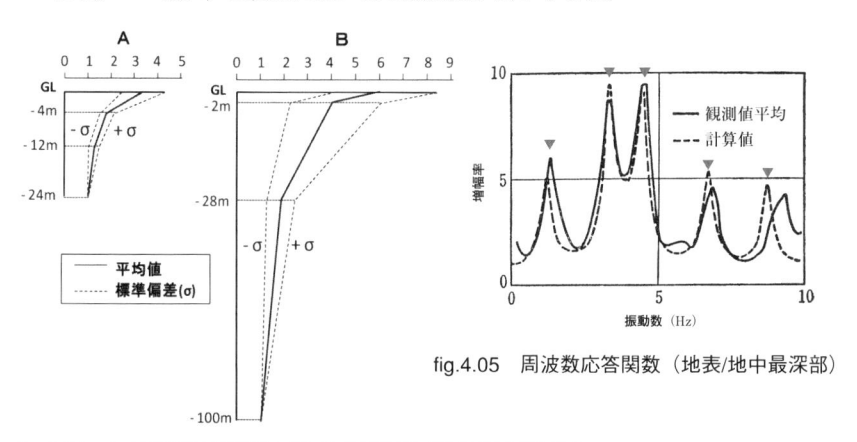

fig.4.04　中小地震時の観測最大加速度の増幅率（地表/地中最深部）

fig.4.05　周波数応答関数（地表/地中最深部）

ONE POINT

地震波の増幅は特定の振動数（固有振動数）で起きる。
低い方から順に1次，2次，3次固有振動数と呼ぶ。振動数の逆数が周期。

基盤地震動と表層地盤の増幅特性

1. 基盤における地震動特性

- 基準スペクトルS_0は解放工学的基盤に作用する地震動の加速度応答スペクトルとして法律（国土交通省告示1461号）で規定されている。
- 安全限界時の加速度応答は損傷限界時の5倍である。

＜工学的基盤＞
$V_S \geqq 400$ m/sec
かつ
十分な厚さ（$H \geqq 5$m程度）
の層

＜解放工学的基盤＞
工学的基盤から上の表層を剥ぎ取った状態

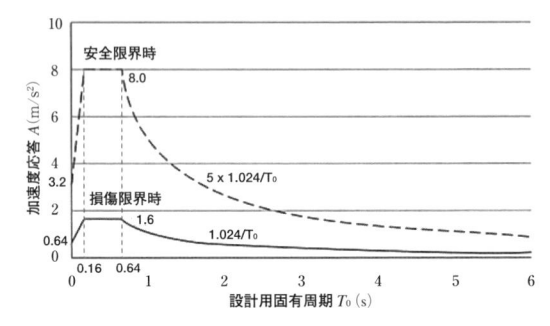

fig.4.06　基準スペクトル

2. 地表面での地震動特性

- 地表面での地震動特性はS_0に表層地盤の増幅率G_Sを乗じて求められる。
- 増幅率G_Sは地盤種別により異なり、軟弱な地盤ほど大きい。

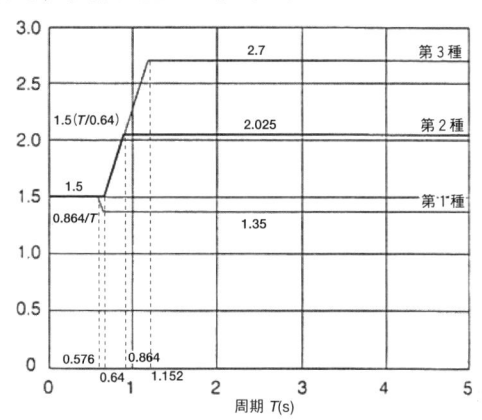

fig.4.07　表層地盤による加速度の増幅率G_S（略算法）

ONE POINT

地震動の応答スペクトルとは、地震動がある固有周期の建物をどの程度揺らすかを示すグラフで、加速度・速度・変位応答スペクトルがある。

地盤と建物の固有周期

1. 地盤のせん断波速度と固有周期

① せん断波（S波）速度 ： V_s(m/sec)
② 地盤の固有周期（1次）： $T_g ≒ 4H/V_s$(sec)　　H：地層厚さ(m)
　　　均質地盤の固有周期　1次：2次：3次＝1：1/3：1/5
③ 地盤のせん断弾性係数 ： $G = ρ·V_s^2$(N/m²)　　$ρ$：地盤の密度(kg/m³)

fig.4.08　地盤の代表的 V_s 値

地盤		V_s
鮮新世砂岩	⇒	450m/sec
洪積世砂礫	⇒	350m/sec
洪積世 砂	⇒	340m/sec
洪積世粘土	⇒	180m/sec
関東ローム	⇒	200m/sec
沖積世 砂	⇒	170m/sec
沖積世粘土	⇒	100m/sec

N 値からの V_s 換算式
$$V_s = 68.79 N^{0.171} H^{0.199} Y_g St$$

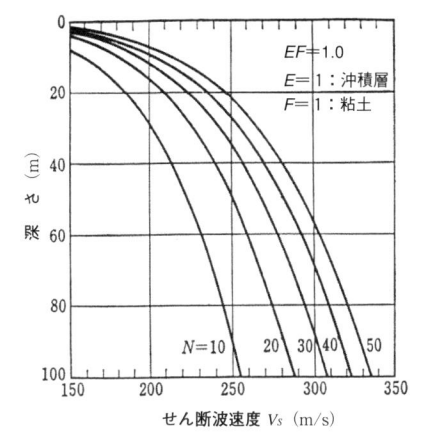

fig.4.09　V_s と N 値の関係（後藤・太田による）

地質年代係数

	沖積層	洪積層
Y_g	1.0	1.303

土質に応じた係数

	粘土	砂			砂礫	礫
		細砂	中砂	粗砂		
St	1.0	1.086	1.066	1.135	1.153	1.448

2. 建物の概算固有周期

(1) 階数(n)による1次固有周期(T_1)の概算
　　　鉄骨造　　　　　　　$T_1 ≒ 0.1N$ （sec）
　　　鉄筋コンクリート造　$T_1 ≒ 0.06N$ （sec）
(2) 建物高さ(H)による1次固有周期(T_1)の概算
　　　$T_1 = (0.02 + 0.01α)H$ （sec）
　　　　$α$：柱と梁の大部分が鉄骨造である階の高さの合計の H に対する比
　　　　H：建物の地盤面からの高さ(m)

--- **ONE POINT** ---

硬い地盤（N値が大きい）ほど V_s，G が大きい。軟らかい地盤（N値が小さい）ほど V_s，G は小さい。地盤の固有周期は層厚にもよる。

地盤の振動モデル

地盤の振動解析モデルには，①質点系モデル，②波動モデル，③有限要素法モデルなどがあり，①が最も簡便である。

1. 地盤の質点系振動モデル

・地盤を単位断面積（例えば1㎡）の土柱でモデル化する。
・地層の境界に土柱の質量を集中させた質点を設ける。
・各質点を土のせん断ばねで結ぶ。

ρ：単位体積質量　　$1\sim n$：地層数
G：せん断弾性係数　　h：地層厚さ
A：土柱の断面積

$$m_i = (\rho_i \cdot h_i + \rho_{i+1} \cdot h_{i+1})A/2$$
$$k_i = G_i \cdot A/h_i$$

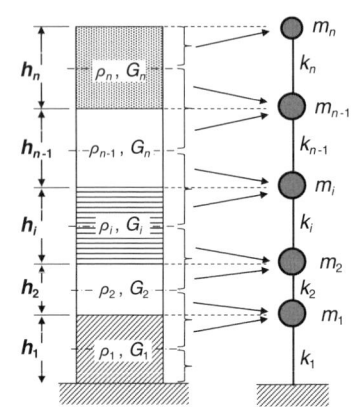

単位断面積の土柱　　せん断型質点系モデル
fig.4.10　質点系解析モデル

2. 質点系振動モデルによる解析例

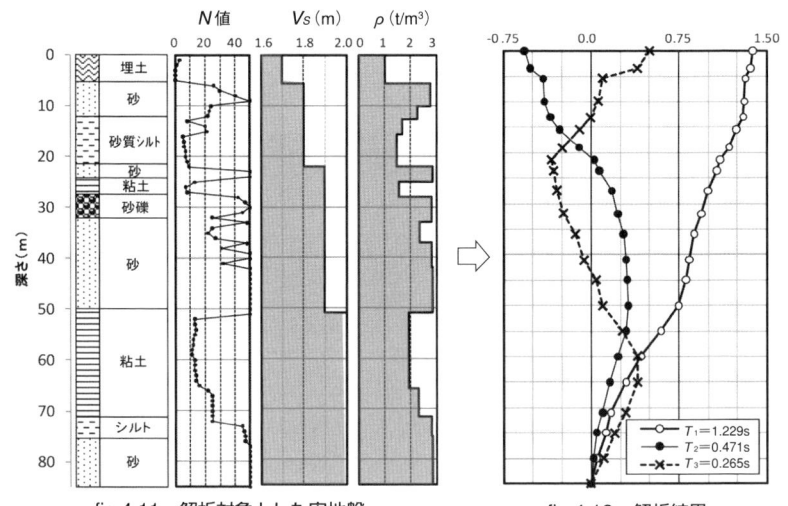

fig.4.11　解析対象とした実地盤

fig.4.12　解析結果
$T_1=1.229$s
$T_2=0.471$s
$T_3=0.265$s

ONE POINT
地盤は地層構成，地層の硬さ・層厚により，その地盤固有の揺れ方をする。地震時の建物の揺れは，地盤の揺れ方の影響を受ける。

土の動的性質

1. 土の動的変形特性のひずみ依存性

- 地震力など繰返し載荷を受ける土のせん断弾性係数Gや減衰定数hは，せん断ひずみの大きさに依存して変化する。
- 土のせん断応力－ひずみ関係は非線形である（弾性ではない）。

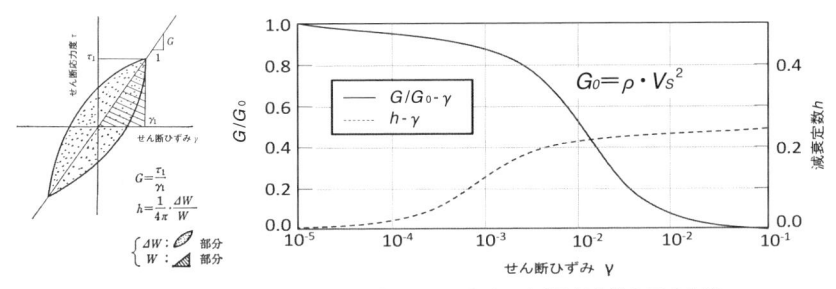

fig.4.13　G, hの定義

fig.4.14　G, hのひずみ依存性を表す曲線

$G_0 = \rho \cdot V_S^2$

$G = \dfrac{\tau_1}{\gamma_1}$

$h = \dfrac{1}{4\pi} \cdot \dfrac{\Delta W}{W}$

2. 地震時における地盤の応答

- 大地震の場合には，土の塑性化によって軟弱層のせん断ひずみが増大し，その上部層で加速度応答倍率が低下する現象が起こる。
- 基盤層への入力を100gal（地盤を線形と仮定），150gal（地盤を非線形と仮定）とした場合の地震応答解析結果を示す。

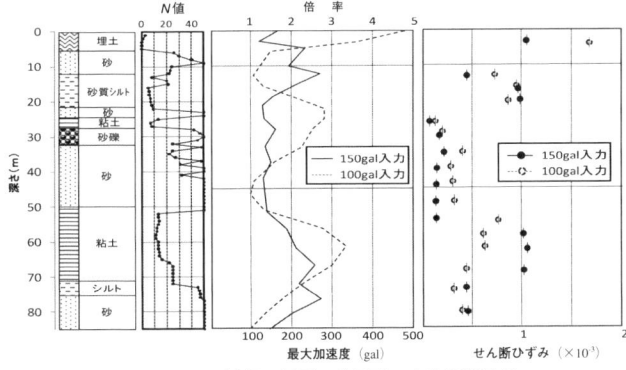

fig.4.15　地盤の線形・非線形の応答解析結果

ONE POINT

大地震時に地中での地盤のひずみが大きくなると，地盤の塑性化が進み，加速度の増幅は抑えられ，変位は大きくなる（一種の免震効果）。

建物と地盤の動的相互作用

1. 建物と地盤の動き
- 建物の慣性力を受けて地盤にひずみが生じ,建物の振動周期が延び振動形が変わる。
- 建物の振動エネルギーが地中に逸散することにより,揺れが制御される。
- 基礎の剛性により地盤変形が拘束され,地盤から建物への地震動入力が低減する。

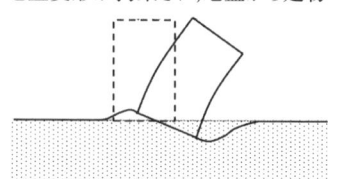

(a) 建物の慣性力による地盤変形 —— 慣性力による相互作用

(b) 建物(地下構造)の剛性による地盤変形の拘束 —— 幾何学的拘束効果

地盤のみの場合 / 建物がある場合

fig.4.16　建物と地盤の動的相互作用

2. 動的相互作用の効果

地盤・建物連成系として
↓
地震応答が変化する

1. 固有周期が延びる
2. 振動モードが変化する
3. 減衰定数が大きくなる
4. 地震入力が減る

3. 動的相互作用の程度

相互作用の程度は,建物が硬く地盤が軟らかいほど顕著である。

fig.4.17　動的相互作用の程度

		建物	
		剛	柔
地盤	硬	中程度	微小
	軟	顕著	中程度

ONE POINT

同じ建物でも,硬い地盤の上に建つ場合と,軟らかい地盤に建つ場合とで,地震時の揺れ方が異なる。

杭基礎建物での地震動観測例

1. 建物と地盤の条件

fig.4.18 建物と地盤の概要

2. 地震動観測記録

- 地表面より建物1階の加速度が小さい。
- 連成1次周期より短周期側で入力低減している。

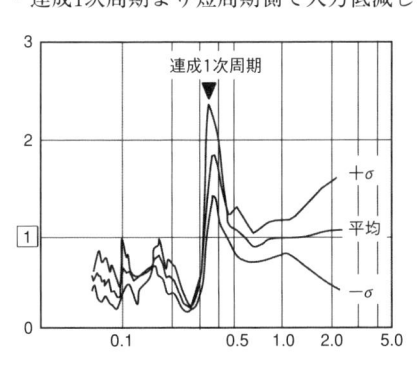

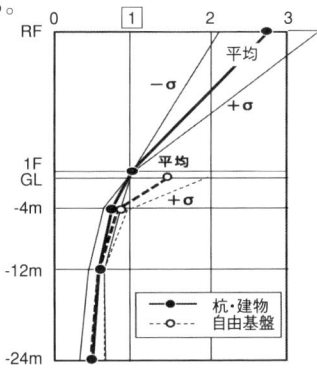

fig.4.19 基礎/地表面のフーリエスペクトル比

fig.4.20 1Fに対する最大加速度比

ONE POINT

地盤と建物の動的相互作用の効果により，地表面と建物基礎とでは揺れ方が異なる。一般に，地表面より建物基礎での加速度が小さい。

地盤・建物の相互作用解析モデル 1

1. スウェイ・ロッキングモデル

・地盤-建物の動的相互作用を取り入れた最も簡単な振動解析モデル。

　　建物：質点系モデル
　　基礎の水平変位：スウェイばね
　　基礎の回転：ロッキングばね

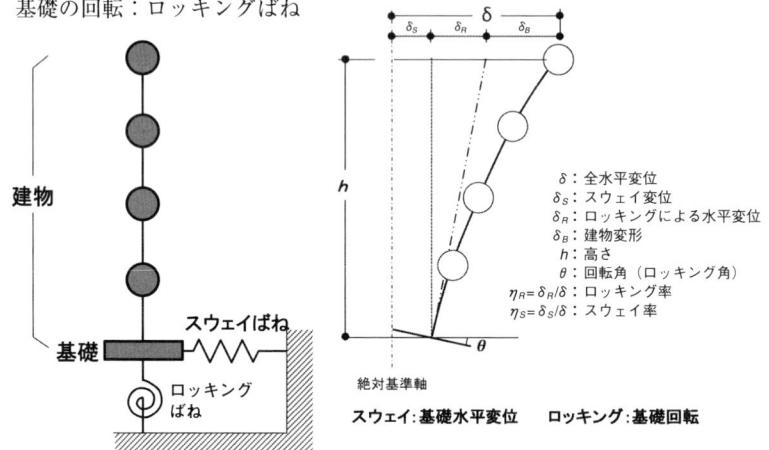

δ：全水平変位
δ_S：スウェイ変位
δ_R：ロッキングによる水平変位
δ_B：建物変形
h：高さ
θ：回転角（ロッキング角）
$\eta_R = \delta_R/\delta$：ロッキング率
$\eta_S = \delta_S/\delta$：スウェイ率

スウェイ：基礎水平変位　　ロッキング：基礎回転

fig.4.21　スウェイ・ロッキングモデルの概念図

2. 相互作用による連成周期の延び

基礎固定モデルに比べ，スウェイ・ロッキングモデルの1次固有周期の延びは全水平変位（δ）におけるスウェイ・ロッキング率（η_{SR}）の増加とともに増大する。

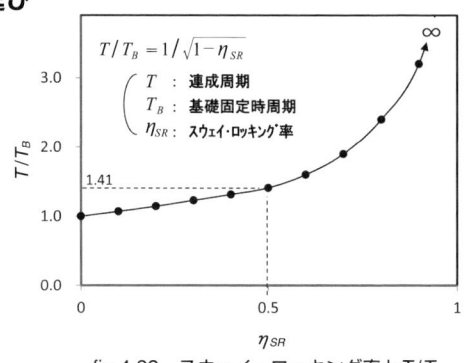

$$T/T_B = 1/\sqrt{1-\eta_{SR}}$$

T：連成周期
T_B：基礎固定時周期
η_{SR}：スウェイ・ロッキング率

fig.4.22　スウェイ・ロッキング率とT/T_B

ONE POINT

軟弱地盤に硬い建物を建てる場合には基礎部分における地盤の変形が大きくなり，固有周期が延びるなど地盤と建物の相互作用の効果が顕著になる。

地盤・建物の相互作用解析モデル2

3. 並列多質点系モデル

- Penzien型モデル
- 杭基礎建物において，地盤の水平変位が杭の挙動に及ぼす影響を考慮できる。

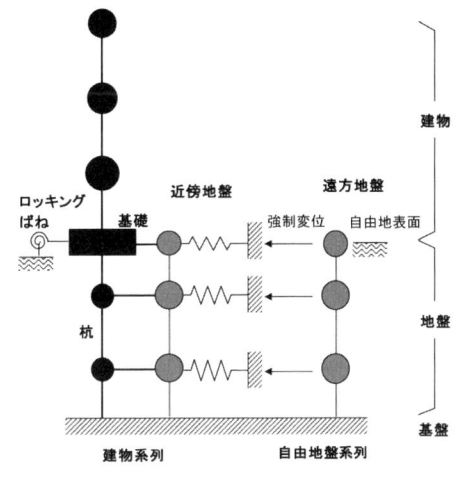

fig.4.23　並列多質点系モデル

4. 有限要素法解析

- 有限要素モデル。
- 地盤を四角形または三角形の有限要素，建物や杭を梁要素に分割して，動的相互作用を解析する。
- 直接基礎，杭基礎共に適用可能。

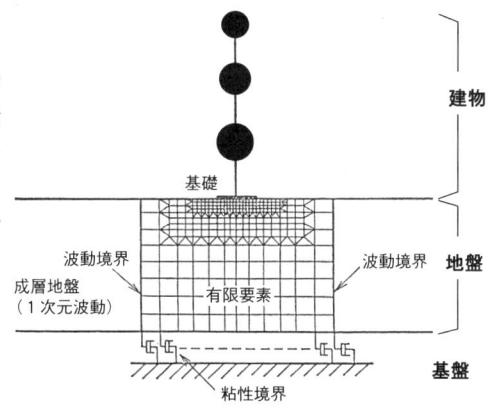

fig.4.24　有限要素法解析モデル

■地盤と建物の動的相互作用を把握するには，地盤と基礎・建物をなるべくリアルに表現できるモデルが有効である。

ONE POINT

コンピュータおよびソフトウェアの発達により，高度な解析が可能になっている。

第5章 基礎の設計

- 基礎の種類と設計フロー
  - 基礎の種類
  - 基礎の役割
  - 基礎の計画
  - 直接基礎の設計
  - 杭基礎の設計
- 地盤の支持力
  - 地盤の支持力
  - 地盤の許容支持力(1)
  - 地盤の許容支持力(2)
  - 2層地盤の許容支持力
  - 平板載荷試験から支持力を求める方法
  - 支持力の計算例(1)
  - 支持力の計算例(2)
  - 許容支持力計算時の注意事項
- 沈下量計算
  - 沈下量の計算
  - 圧密沈下量の計算
  - 即時沈下量の計算
  - 許容沈下量
  - 不同沈下対策
  - 沈下量の計算例(1)
  - 沈下量の計算例(2)
- 杭の種類
  - 杭の分類
  - 既製杭の施工方法
  - 場所打ちコンクリート杭の施工方法(1)
  - 場所打ちコンクリート杭の施工方法(2)
  - 場所打ちコンクリート杭の施工方法(3)
- 杭の鉛直支持力
  - 杭の許容鉛直支持力
  - 杭の鉛直支持力
  - 杭の荷重－沈下関係
  - 杭の鉛直支持力式(1)
  - 杭の鉛直支持力式(2)
  - 杭の鉛直載荷試験
  - 杭の鉛直支持力の計算例
  - 地盤沈下地帯の支持杭
  - 杭基礎の耐震性
  - 杭に作用する外力と変形分布(1)
  - 杭に作用する外力と変形分布(2)
  - 水平力による杭の応力と変位
  - 杭の引抜き抵抗

基礎の種類

1. 直接基礎：建物荷重を直接地盤で支持する

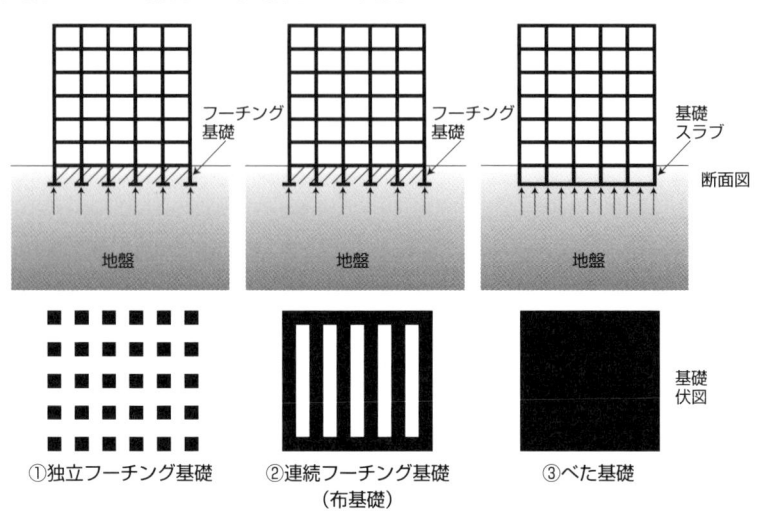

①独立フーチング基礎　②連続フーチング基礎（布基礎）　③べた基礎

fig.5.01　直接基礎の種類

2. 杭基礎：建物荷重を杭を介して地盤で支持する

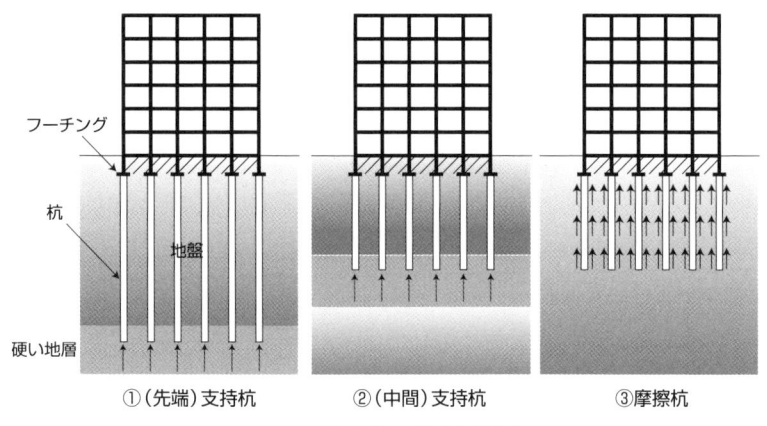

①（先端）支持杭　②（中間）支持杭　③摩擦杭

fig.5.02　杭基礎の種類

ONE POINT

浅い基礎（直接基礎）と深い基礎（杭基礎）の区別は，根入れ深さD_fと基礎幅Bとの比（D_f/B）であらわせる。（D_f/B）≦1なら浅い基礎，（D_f/B）＞1（4～10）なら深い基礎としている。

基礎の役割

1. 基礎の役割
1) 建物荷重を安全に支持　→　地盤と基礎の鉛直支持力
2) 建物に有害となる沈下を防止　→　地盤の沈下
3) 地震時における建物の安全確保　→　地盤と基礎の鉛直・水平支持力

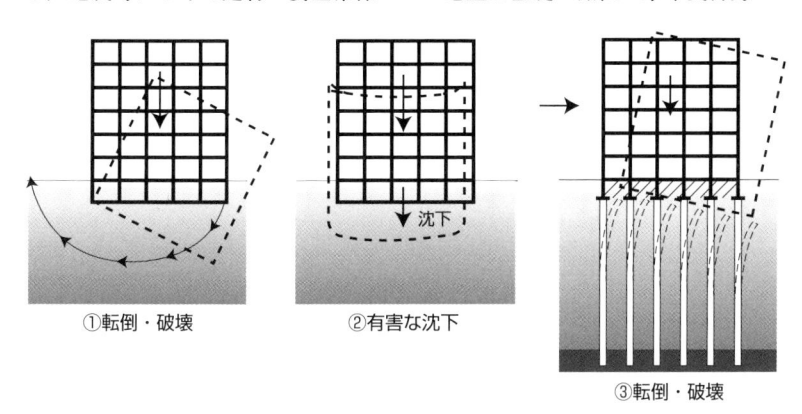

①転倒・破壊　　②有害な沈下　　③転倒・破壊

fig.5.03　基礎の役割

2. 基礎設計で大切な点（ポイント）
1) 適切な地盤調査・土質試験
   ボーリング調査，現位置試験
   物理試験，圧縮試験，圧密試験
2) 地盤と土の性質の正確な評価
   強度特性　→　地盤と基礎の支持力
   変形特性　→　沈下量
   動的特性　→　地震時の安定性
   地層構成　→　性質の異なる土の堆積状態
3) 基礎部材（杭・フーチング）の力学特性の正確な評価
   強度特性
   変形性能

ONE POINT
地盤と建物は切り離せるものではなく，地盤が悪ければそれに応じた安全かつ経済的な基礎を設計しなければならない。それが設計者の腕の見せどころとなる。そのためにも，地盤調査は重要である。

094 基礎の設計

基礎の計画

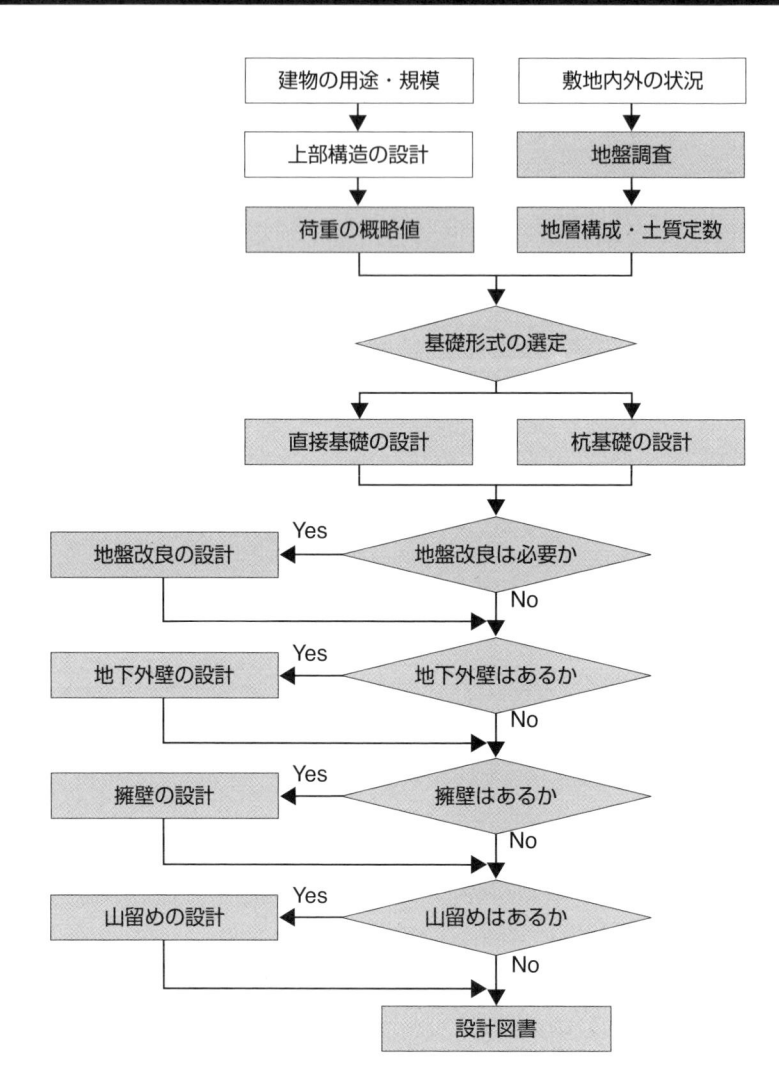

```
建物の用途・規模                敷地内外の状況
     ↓                           ↓
  上部構造の設計               地盤調査
     ↓                           ↓
  荷重の概略値              地層構成・土質定数
        ↘               ↙
         基礎形式の選定
         ↙         ↘
   直接基礎の設計   杭基礎の設計
         ↘         ↙
   ┌──── Yes ──── 地盤改良は必要か
地盤改良の設計            │ No
   │                     ↓
   └──── Yes ──── 地下外壁はあるか
地下外壁の設計            │ No
   │                     ↓
   └──── Yes ──── 擁壁はあるか
 擁壁の設計               │ No
   │                     ↓
   └──── Yes ──── 山留めはあるか
 山留めの設計             │ No
   │                     ↓
   └──────────→  設計図書
```

fig.5.04　基礎の計画のフロー

ONE POINT

地盤は目に見えないだけに，施工時に思ってもみなかった事態に遭遇し，設計変更せざるを得ないケースも往々にしてある。計画の段階では，これらの不慮の事態も視野に入れた計画が必要である。

直接基礎の設計

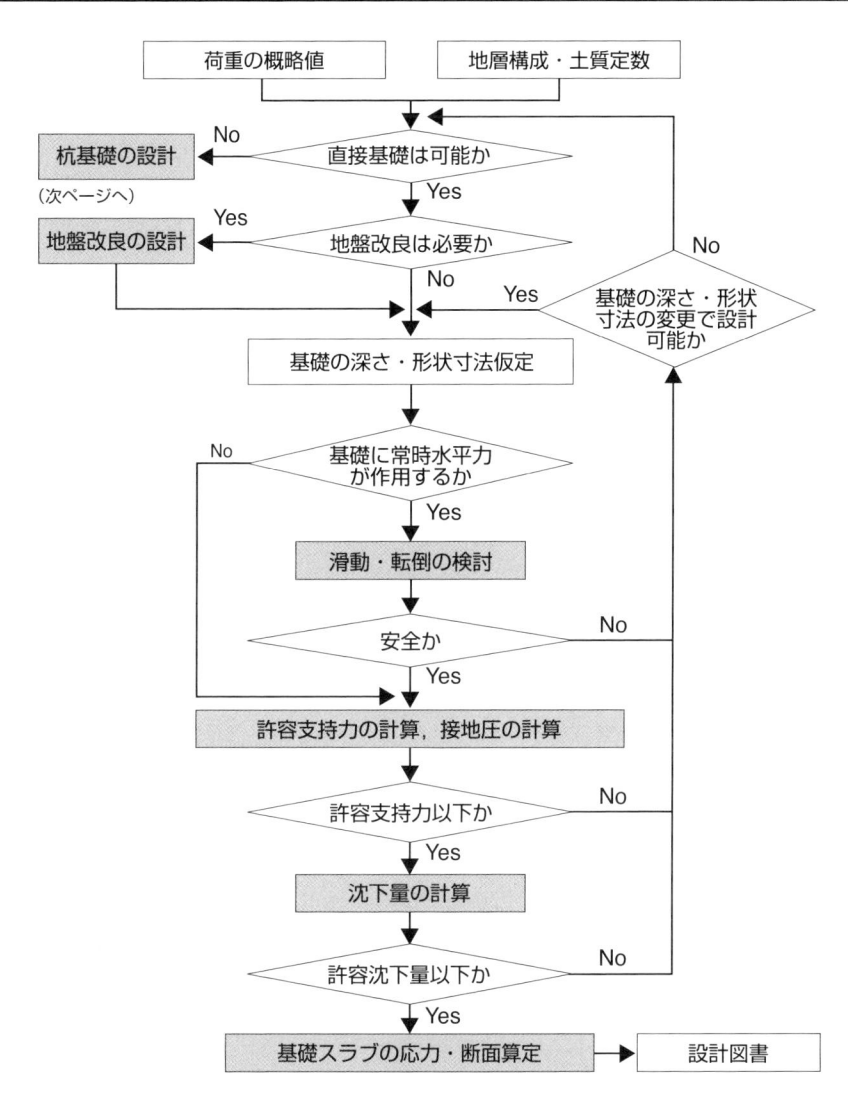

```
          ┌──────────────┐      ┌──────────────────┐
          │ 荷重の概略値  │      │ 地層構成・土質定数 │
          └──────┬───────┘      └─────────┬────────┘
                 │                        │
                 └───────────┬────────────┘◄─────────────┐
                             ▼                           │
  ┌──────────┐         ╱ 直接基礎は ╲  No                 │
  │ 杭基礎の設計 │◄──── ╲  可能か   ╱                     │
  └──────────┘          ╲        ╱                      │
   (次ページへ)            ▼ Yes                         │
                                                         │
  ┌──────────┐    Yes  ╱ 地盤改良は ╲                    │
  │地盤改良の設計│◄──── ╲  必要か   ╱                     │
  └────┬─────┘          ╲        ╱      No  ╱ 基礎の深さ・形状 ╲
       │                  ▼ No        ┌──── ╲ 寸法の変更で設計 ╱
       │                               │      ╲  可能か     ╱
       └───────────────►●◄─────Yes─────┘        ▲
                       ▼                        │
            ┌──────────────────┐                │
            │基礎の深さ・形状寸法仮定│               │
            └────────┬─────────┘                │
                     ▼                          │
              ╱基礎に常時水平力╲ No               │
         ┌─── ╲ が作用するか ╱ ──┐               │
         │     ╲          ╱    │               │
         │       ▼ Yes          │               │
         │ ┌──────────────┐    │               │
         │ │ 滑動・転倒の検討 │    │               │
         │ └──────┬───────┘    │               │
         │        ▼             │               │
         │    ╱ 安全か ╲ No      │               │
         │    ╲      ╱ ─────────┼──────────────┤
         │      ▼ Yes            │               │
         └──────►●◄──────────────┘               │
                ▼                                │
      ┌──────────────────────┐                   │
      │許容支持力の計算，接地圧の計算│                   │
      └──────────┬───────────┘                   │
                 ▼                               │
          ╱ 許容支持力以下か ╲ No                  │
          ╲              ╱ ───────────────────►│
                ▼ Yes                            │
         ┌──────────┐                            │
         │ 沈下量の計算 │                           │
         └────┬─────┘                            │
              ▼                                  │
       ╱ 許容沈下量以下か ╲ No                     │
       ╲              ╱ ──────────────────────►│
             ▼ Yes
    ┌──────────────────────┐      ┌──────────┐
    │基礎スラブの応力・断面算定  │────► │  設計図書  │
    └──────────────────────┘      └──────────┘
```

fig.5.05　直接基礎の設計フロー

ONE POINT

基礎の設計の基本は，支持力と沈下に対する検討である。

杭基礎の設計

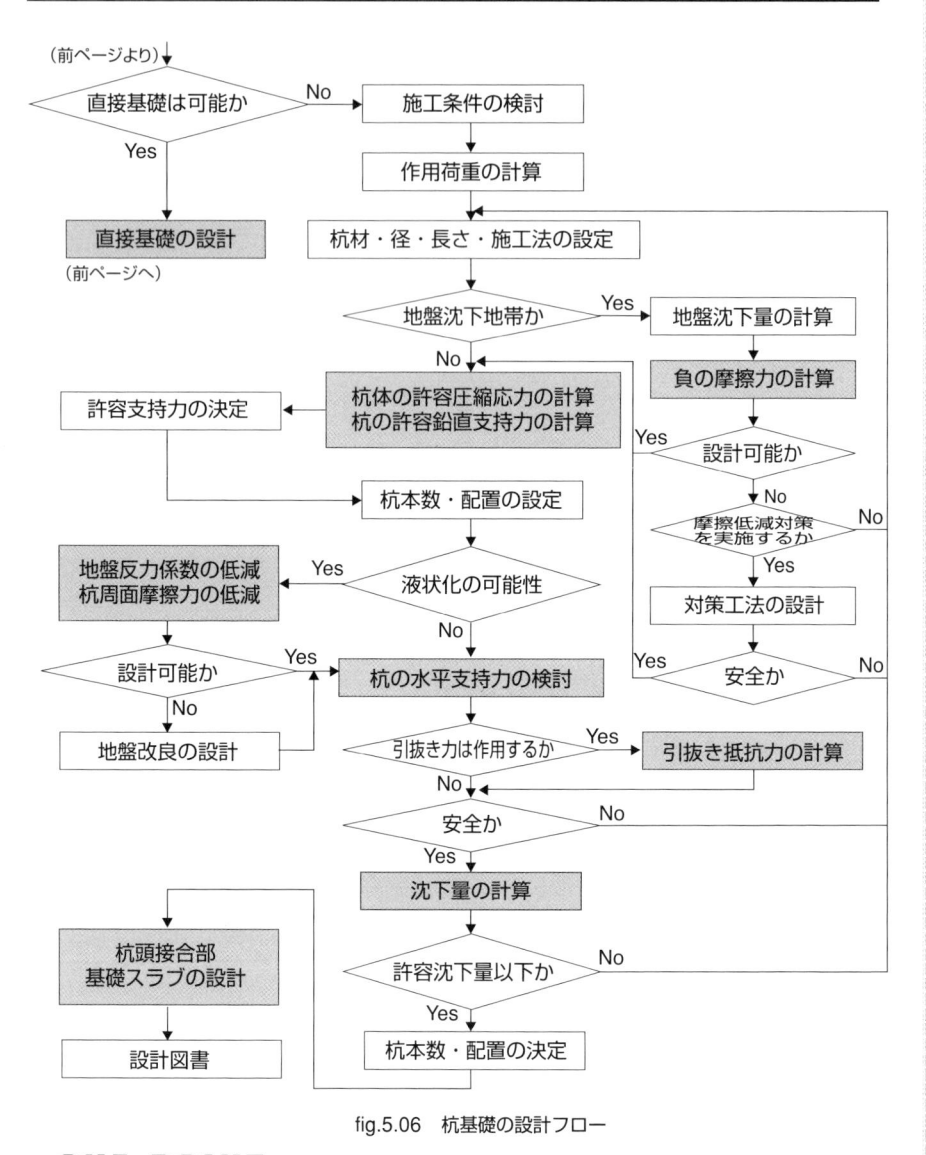

```
(前ページより)
    ↓
  直接基礎は可能か ──No──→ 施工条件の検討
    │                        ↓
    Yes                    作用荷重の計算
    ↓                        ↓
  直接基礎の設計         杭材・径・長さ・施工法の設定
  (前ページへ)               ↓
                         地盤沈下地帯か ──Yes──→ 地盤沈下量の計算
                             │ No                    ↓
                             ↓                   負の摩擦力の計算
  許容支持力の決定 ← 杭体の許容圧縮応力の計算        ↓
         │          杭の許容鉛直支持力の計算    ┌─ 設計可能か ─Yes
         │                                    │      │ No
         ↓                                    │   摩擦低減対策 ─No─┐
      杭本数・配置の設定                        │   を実施するか     │
         │                                    │      │ Yes        │
         ↓                                    │   対策工法の設計    │
  地盤反力係数の低減 ←Yes─ 液状化の可能性        │      │            │
  杭周面摩擦力の低減          │ No              └── 安全か ─No──────┘
         │                   ↓                     Yes
      設計可能か ─Yes→ 杭の水平支持力の検討
         │ No                ↓
      地盤改良の設計      引抜き力は作用するか ─Yes→ 引抜き抵抗力の計算
                             │ No ←──────────────────┘
                             ↓
                          安全か ─No─
                             │ Yes
                             ↓
                          沈下量の計算
                             ↓
                       許容沈下量以下か ─No─
                             │ Yes
                             ↓
                        杭本数・配置の決定
                             │
  杭頭接合部 ←────────────────┘
  基礎スラブの設計
         ↓
      設計図書
```

fig.5.06　杭基礎の設計フロー

ONE POINT

杭基礎の支持力性能は施工法に大きく影響されるため，施工管理，品質管理は設計と同程度の重要性を有している。

地盤の支持力

1. 地盤の支持力

地盤の支持力は以下の目的に使用される。
- 直接基礎の設計
- 擁壁の設計
- 施工重機の安定計算

地盤の支持力＝地盤のせん断抵抗＋根入れ重量

2. 地盤の極限支持力 q_d

地盤が破壊し，基礎の重量を支えきれなくなるときの荷重度（kN/m^2）

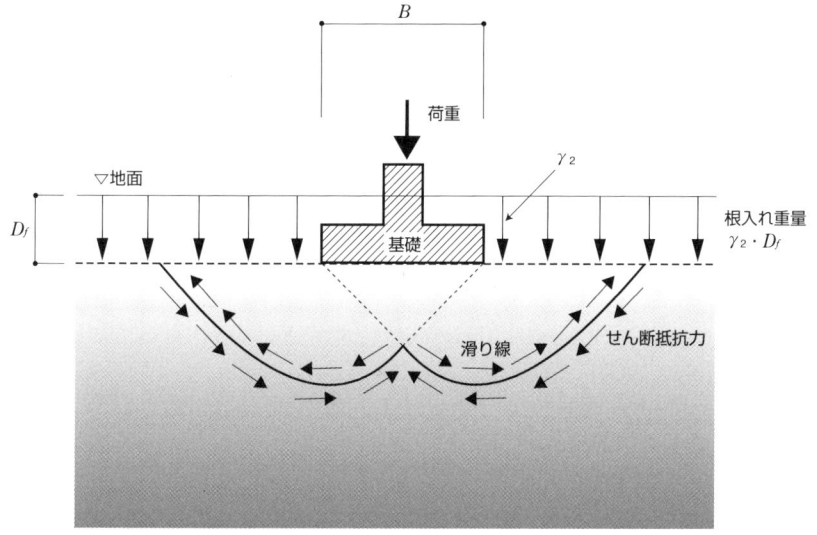

基礎底面下の土の単位体積重量：γ_1　　基礎底面より上の土の重さ：γ_2

fig.5.07　地盤の支持メカニズム

ONE POINT

地盤の支持力（度）とは，地盤の破壊に対する抵抗力のことを言う。許容支持力（度）とは支持力（度）を安全率で除したものであり，テルツァーギの許容支持力式あるいは平板載荷試験により求める。

地盤の許容支持力（1）

1. テルツァーギの支持力式

長期許容支持力 q_{aL}

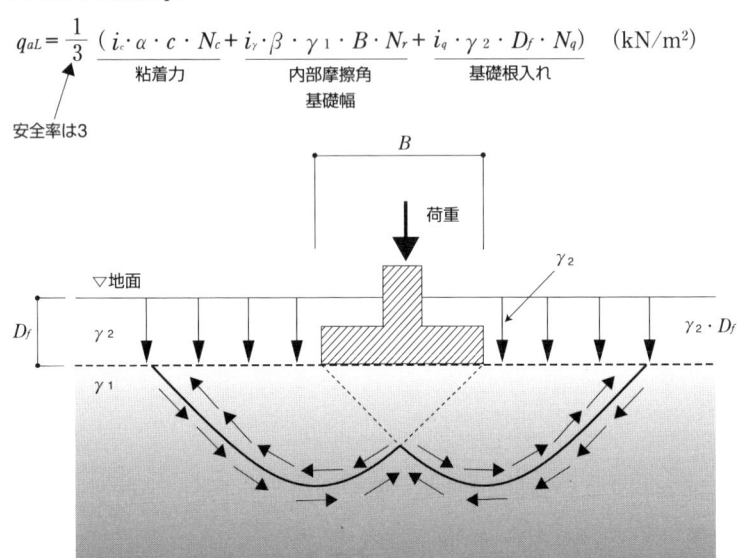

$$q_{aL} = \frac{1}{3}(\underbrace{i_c \cdot \alpha \cdot c \cdot N_c}_{\text{粘着力}} + \underbrace{i_\gamma \cdot \beta \cdot \gamma_1 \cdot B \cdot N_r}_{\substack{\text{内部摩擦角}\\\text{基礎幅}}} + \underbrace{i_q \cdot \gamma_2 \cdot D_f \cdot N_q}_{\text{基礎根入れ}}) \quad (\text{kN/m}^2)$$

安全率は3

基礎底面下の土の単位体積重量：γ_1　　基礎底面より上の土の重さ：γ_2
粘着力：c　　内部摩擦角：ϕ

　γ_1, γ_2：地下水面より下の場合には（$\gamma - \gamma_w$）を使用
　N_c, N_r, N_q：支持力係数。ϕの関数
　α, β：基礎の形状係数
　i_c, i_γ, i_q：基礎に作用する荷重の鉛直方向に対する傾斜角に応じた数値。基礎に作用する荷重の傾斜を考慮しなくてよい場合は、これらの係数を1.0としてよい。

fig.5.08　テルツァーギの支持力式

fig.5.09　基礎の形状計数

係数	基礎荷重面が円形	基礎荷重面が円形以外
α	1.2	$1.0 + 0.2\dfrac{B}{L}$
β	0.3	$0.5 - 0.2\dfrac{B}{L}$

B：短辺長、L：長辺長

fig.5.10　支持力計数

ϕ	N_c	N_r	N_q
0°	5.1	0	1.0
10°	8.3	0.4	2.5
20°	14.8	2.9	6.4
32°	35.5	22.0	23.2
40°以上	75.3	93.7	64.2

ONE POINT

今回の法改正により、短期の場合は右辺第3項の係数が従来の1/3から2/3に変更された。

地盤の許容支持力 (2)

2. 粘性土地盤の長期許容支持力 q_{aL} ……… $\phi = 0$

粘着力 c と基礎根入れ D_f に比例する。

$$q_{aL} = \frac{1}{3}(i_c \cdot \alpha \cdot c \cdot N_c + i_q \cdot \gamma_2 \cdot D_f \cdot N_q) \quad (\text{kN/m}^2)$$

$$= \frac{1}{3}(i_c \cdot \alpha \cdot c \cdot 5.1 + i_q \cdot \gamma_2 \cdot D_f \cdot 1.0)$$

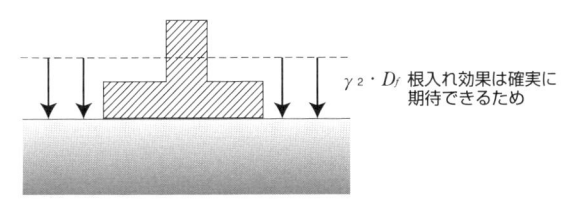

fig.5.11 粘性土地盤の長期許容支持力

($\gamma_2 \cdot D_f$ 根入れ効果は確実に期待できるため)

3. 粒状土地盤の長期許容支持力 q_{aL} ……… $c = 0$

内部摩擦角 ϕ と基礎幅 B，基礎根入れ D_f に比例する。

基礎幅 B が大きいほど，有効拘束圧が増加し，せん断強度が大きくなるため。

$$q_{aL} = \frac{1}{3}(i_\gamma \cdot \beta \cdot \gamma_1 \cdot B \cdot N_r + i_q \cdot \gamma_2 \cdot D_f \cdot N_q) \quad (\text{kN/m}^2)$$

4. 地盤の短期許容支持力 q_{aS}

地震時，施工時の検討に使用する。

$$q_{aL} = \frac{2}{3}(i_c \cdot \alpha \cdot c \cdot N_c + i_\gamma \cdot \beta \cdot \gamma_1 \cdot B \cdot N_r + i_q \cdot \gamma_2 \cdot D_f \cdot N_q) \quad (\text{kN/m}^2)$$

安全率は1.5

2層地盤の許容支持力

　上層が砂層，下層が粘性土層より成る2層地盤においては，上層を対象とした支持力と下層を対象とした支持力のうち，小さい方をその地盤の支持力とする．

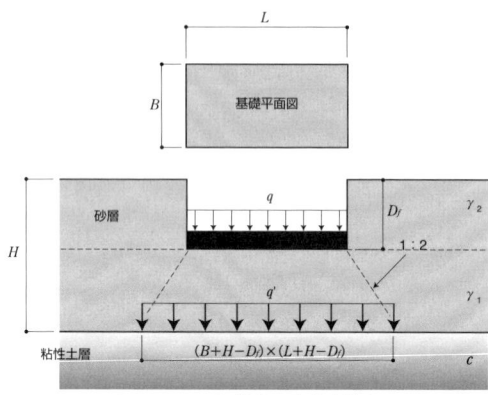

fig.5.12　2層地盤の許容支持力

1) 砂層を対象とした長期許容支持力

$$q_{a1} = \frac{1}{3}(i_\gamma \cdot \beta \cdot \gamma_1 \cdot B \cdot N_r + i_q \cdot \gamma_2 \cdot D_f \cdot N_q)$$

2) 粘性土層を対象とした長期許容支持力

　粘性土層上面での極限支持力

$$q'_{a2} = \alpha \cdot 5.1 \cdot c + \gamma_2 \cdot D_f + \gamma_1(H - D_f) \cdots\cdots(1)$$

　粘性土層上面での建物荷重による鉛直応力

$$q' = \frac{q \cdot B \cdot L}{(B+H-D_f)(L+H-D_f)} = \frac{q}{\left(1+\frac{H-D_f}{B}\right)\left(1+\frac{H-D_f}{L}\right)} \cdots(2)$$

　基礎底面から粘性土層上面までの土重量による鉛直応力

$$\varDelta q = \gamma_1(H - D_f) \cdots\cdots\cdots\cdots\cdots\cdots\cdots\cdots\cdots(3)$$

　全鉛直応力と極限支持力が等しいとすると

$$q' + \varDelta q = q'_{a2} \cdots\cdots\cdots\cdots\cdots\cdots\cdots\cdots\cdots(4)$$

(1)，(2)，(3)を(4)に代入し，q を改めて q_{a2} とすれば

$$q_{a2} = \left(1+\frac{H-D_f}{B}\right)\left(1+\frac{H-D_f}{L}\right)(\alpha \cdot 5.1 \cdot c + \gamma_2 \cdot D_f) \cdots\cdots(5)$$

　長期許容支持力は

$$q_{a2} = \frac{1}{3}\left(1+\frac{H-D_f}{B}\right)\left(1+\frac{H-D_f}{L}\right)(\alpha \cdot 5.1 \cdot c + \gamma_2 \cdot D_f)$$

平板載荷試験から支持力を求める方法

　平板載荷試験とは，基礎底面となる地盤表面において直径30cmの載荷板を垂直方向に加力し，荷重－沈下量関係より地盤の極限支持力q_dを求める試験である。

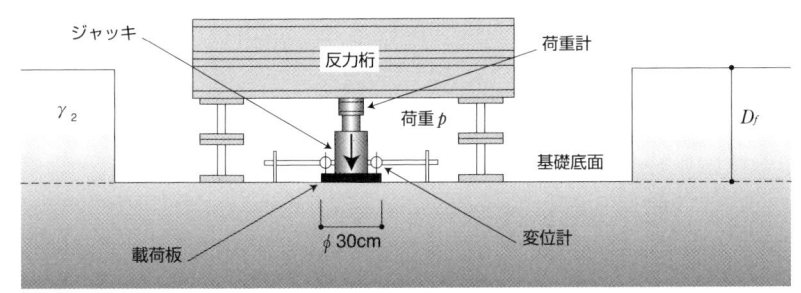

fig.5.13　平板載荷試験

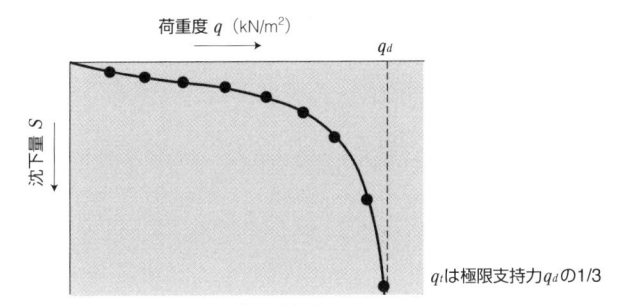

fig.5.14　許容支持力q_t

q_tは極限支持力q_dの1/3

1）基礎に根入れがある場合には，根入れ効果を考慮できる。

2）長期許容支持力　　$q_{aL} = q_t + \dfrac{1}{3} \gamma_2 \cdot D_f \cdot N_q$（kN/m²）………(1)

3）短期許容支持力　　$q_{aS} = 2q_t + \dfrac{1}{3} \gamma_2 \cdot D_f \cdot N_q$（kN/m²）………(2)

ONE POINT

平板載荷試験により極限支持力を決定することが難しい場合は，沈下が5cm（載荷板直径の15%）を超えない範囲において，①沈下が直線的に増加し始める荷重度，②log$q$-S曲線が沈下軸にほぼ平行になり始める荷重度のいずれか小さな荷重度をq_tとする。

支持力の計算例（1）

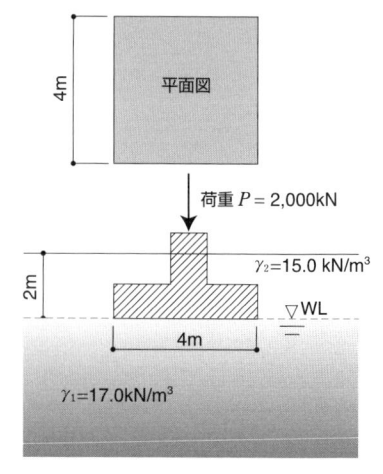

長期安定性をチェックせよ。

1) $c = 30.0 \text{ kN/m}^2$, $\phi = 0$ の場合
　荷重度 p_a
　$p_a = P / (B \times L)$
　　　$= 2,000/16 = 125.0 \text{ kN/m}^2$

　粘性土の長期許容支持力 q_{aL}
　$q_{aL} = \dfrac{1}{3}(i_c \cdot \alpha \cdot c \cdot N_c + i_q \cdot \gamma_2 \cdot D_f \cdot N_q)$
　　　$= \dfrac{1}{3}(i_c \cdot \alpha \cdot c \cdot 5.1 + i_q \cdot \gamma_2 \cdot D_f \cdot 1)$
　$i_c = i_q = 1.0$ とする。
　$\alpha = 1.2$（fig. 5.09 の正方形より）
　$\gamma_2 = 15.0 \text{ kN/m}^3$, $D_f = 2.0 \text{ m}$

　$q_{aL} = \dfrac{1}{3}(1.0 \times 1.2 \times 30.0 \times 5.1 + 1.0 \times 15.0 \times 2.0 \times 1.0)$
　　　$= \dfrac{1}{3} \times 213.6 = 71.2 \text{ kN/m}^2$　　　$q_{aL} < p_a$ ……NO

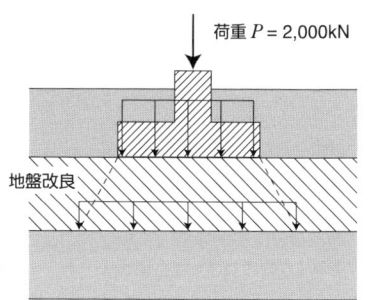

2) 対策案
　① 基礎幅 B を広げる
　　→荷重度の低減
　② 根入れ深さ D_f を深くする
　　→支持力の増加
　③ 基礎直下の地盤を改良する
　　→強度増加と荷重分散による支持力増加

支持力の計算例（2）

長期安定性をチェックせよ。

1） $c = 0\ \text{kN/m}^2$，$\phi = 32°$ の場合

荷重度 p_a

$p_a = P / \pi r^2$

$\quad = 2,000/12.56 = 159.2\ \text{kN/m}^2$

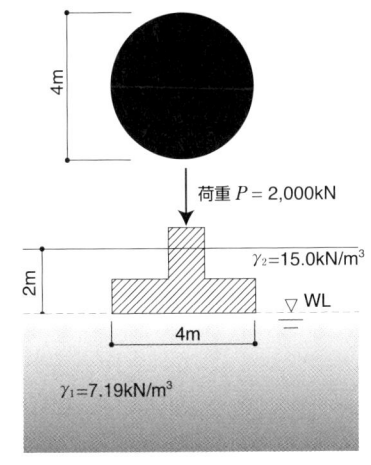

粒状土の長期許容支持力 q_{aL}

$q_{aL} = \dfrac{1}{3}\ (i_\gamma \cdot \beta \cdot \gamma_1 \cdot B \cdot N_r + i_q \cdot \gamma_2 \cdot D_f \cdot N_q)$

$\quad \beta = 0.3$ （fig. 5.09 の円形より）

$\quad B = 2r = 4.0\ \text{m}$，$\gamma_1 = 7.19\ \text{kN/m}^3$ （地下水位以下のため，水中単位体積重量使用）

$\quad \gamma_2 = 15.0\ \text{kN/m}^3$，$D_f = 2.0\ \text{m}$

$\quad N_r = 22.0$，$N_q = 23.2$ （fig. 5.10 の $\phi = 32°$ より）

$q_{aL} = \dfrac{1}{3}\ (1.0 \times 0.3 \times 7.19 \times 4.0 \times 22.0 + 1.0 \times 15.0 \times 2.0 \times 23.2)$

$\quad = \dfrac{1}{3}\ (189.8 + 696.0) = 295.3\ \text{kN/m}^2 \quad q_{aL} > p_a \cdots\cdots \text{YES}$

土の水中単位体積重量を算出する時の水の単位体積重量は，9.81kN/m³として計算する。（例）$17.0 - 9.81 = 7.19\ \text{kN/m}^3$

許容支持力計算時の注意事項

1) 地盤は均一ではない

c, ϕ は，少なくとも B の 2 倍程度の深さの平均的な値を用いるか，最も弱い層の値を用いるのが無難である。

2) 根入れ効果 D_f を過信しない

建物完成後に周辺地盤が掘削されると，根入れ効果は低下する。

3) 地下水位が上昇すると支持力は低下する

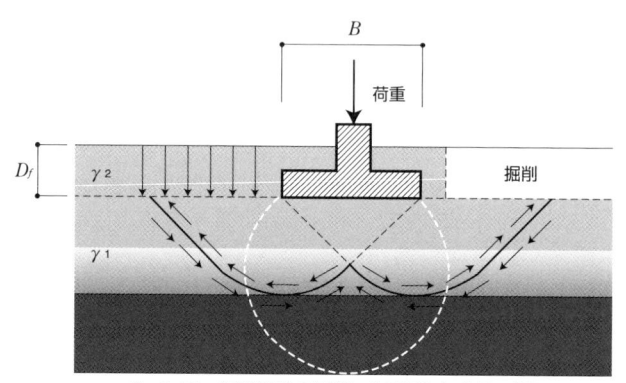

fig.5.15　周辺地盤の掘削による根入れ効果の低下

4) 載荷試験の載荷板は実際の基礎幅より小さい

載荷試験の影響範囲は実物の基礎より狭い。

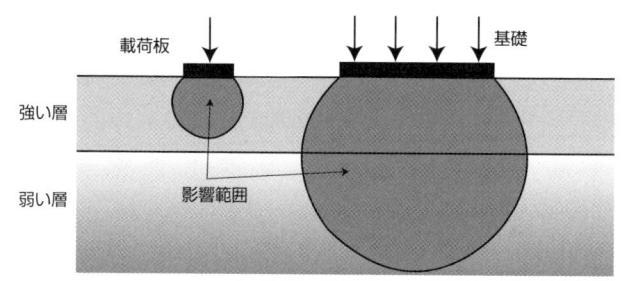

fig.5.16　載荷試験の影響範囲

---- **ONE POINT** ----

内部摩擦角 ϕ，粘着力 c，根入れ深さ D_f，基礎幅 B のそれぞれが大きいと支持力は大きい。また，地下水位が低いと支持力は大きい。

沈下量の計算

建物荷重による地盤沈下の種類には，圧密沈下と即時沈下がある。

1．圧密沈下

粘性土が鉛直応力の増加により間隙水が絞り出され，沈下する現象（正規圧密，未圧密粘性土）。
・沈下終了までに長時間を要する
・沈下量が大きい

2．即時沈下

鉛直応力の増加によって生じる弾性的な沈下挙動（粒状土，過圧密粘性土）。
・沈下は短期間に終了する
・沈下量は比較的小さい

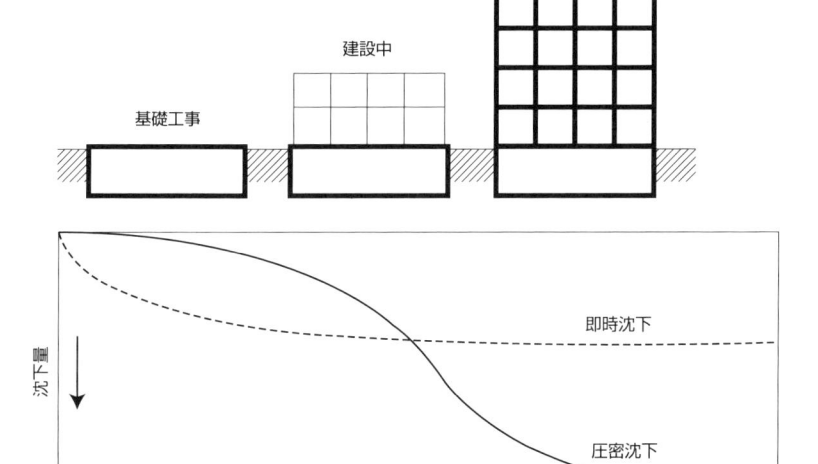

fig.5.17　時間経過と沈下量

ONE POINT

砂質地盤は即時沈下であり，その量が少なく短時間に終了するため，実用上は沈下の検討を無視する場合が多い。

圧密沈下量の計算

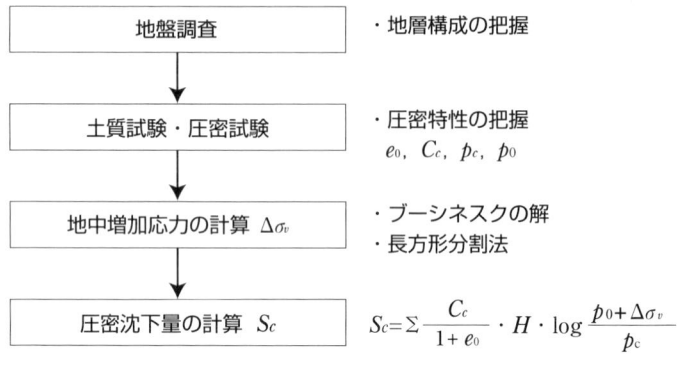

```
┌──────────────┐
│   地盤調査    │ ──→ ・地層構成の把握
└──────┬───────┘
       ↓
┌──────────────┐    ・圧密特性の把握
│ 土質試験・圧密試験 │ ──→ $e_0$, $C_c$, $p_c$, $p_0$
└──────┬───────┘
       ↓
┌──────────────┐    ・ブーシネスクの解
│ 地中増加応力の計算 $\Delta\sigma_v$ │ ──→ ・長方形分割法
└──────┬───────┘
       ↓
┌──────────────┐
│ 圧密沈下量の計算 $S_c$ │ ──→ $S_c = \Sigma \dfrac{C_c}{1+e_0} \cdot H \cdot \log \dfrac{p_0+\Delta\sigma_v}{p_c}$
└──────────────┘
```

C_c：設計用圧縮指数　　p_0：建設前の有効上載圧
e_0：初期間隙比　　　　p_c：同一点における圧密降伏応力
H：層厚　　　　　　　$\Delta\sigma_v$：建設による増加有効地中応力

fig.5.18　圧密沈下量計算のフロー

fig.5.19　沈下量と沈下分布

ONE POINT

圧密沈下量は同一圧密層内で地層を最大3mごとに分割し，それぞれの圧密沈下量を合計して求める。

即時沈下量の計算

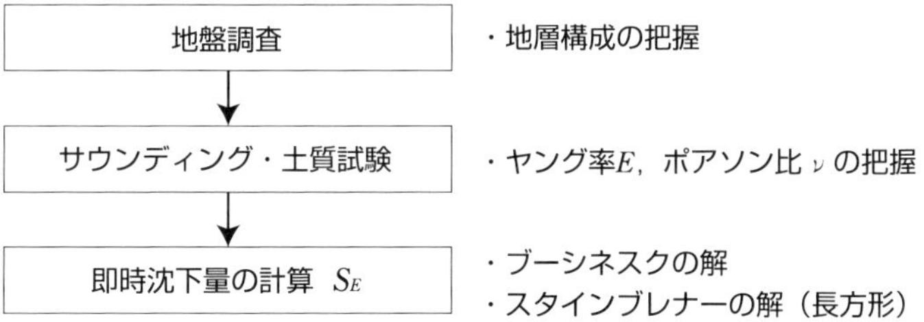

```
地盤調査  →  ・地層構成の把握
   ↓
サウンディング・土質試験  →  ・ヤング率$E$，ポアソン比$\nu$の把握
   ↓
即時沈下量の計算 $S_E$  →  ・ブーシネスクの解
                          ・スタインブレナーの解（長方形）
```

fig.5.20 即時沈下量計算のフロー

スタインブレナーの解（長方形分割法）とは，厚さHの地盤上に，幅$B×L$の長方形等分布荷重qが作用した場合の隅角部の沈下量S_Eを求める弾性解である。

$$S_E = q \cdot \frac{B}{E} \cdot I_S$$

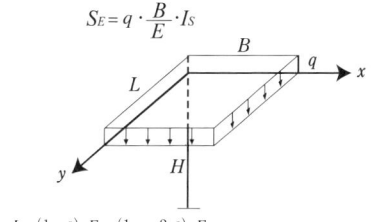

●解の重ね合わせ

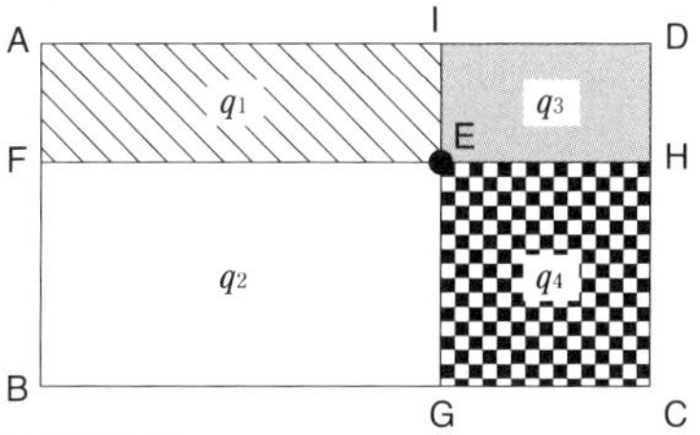

E点の沈下量
$$S_E = S_{AFEI} + S_{FBGE} + S_{EGCH} + S_{IEHD}$$

$$I_S = (1-\nu^2) \cdot F_1 + (1-\nu-2\nu^2) \cdot F_2$$

$$F_1 = \frac{1}{\pi}\left[l \cdot \log_e \frac{(1+\sqrt{l^2+1})\sqrt{l^2+d^2}}{l \cdot (1+\sqrt{l^2+d^2+1})} + \log_e \frac{(1+\sqrt{l^2+1})\sqrt{1+d^2}}{1+\sqrt{l^2+d^2+1}}\right]$$

$$F_2 = \frac{d}{2\pi}\tan^{-1}\frac{l}{d \cdot \sqrt{l^2+d^2+1}} \quad l = L/B, \quad d = H/B$$

●2層地盤

●沈下分布

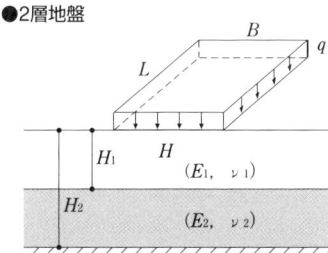

$$S_E = \{S_{E(H2, E2, \nu 2)} - S_{E(H1, E2, \nu 2)}\} + S_{E(H1, E1, \nu 1)}$$

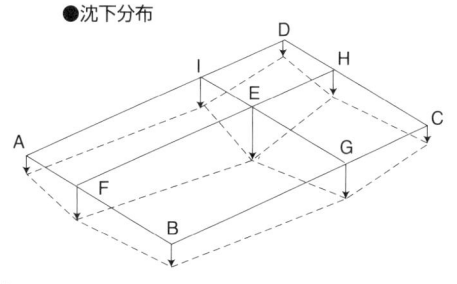

fig.5.21 スタインブレナーの解（長方形分割法）

ONE POINT

ポアソン比は実測することが難しく，間隙比や応力の大小などによって変わる。通常は砂質土で0.4，粘性土で0.5を採用することが多い。

許容沈下量

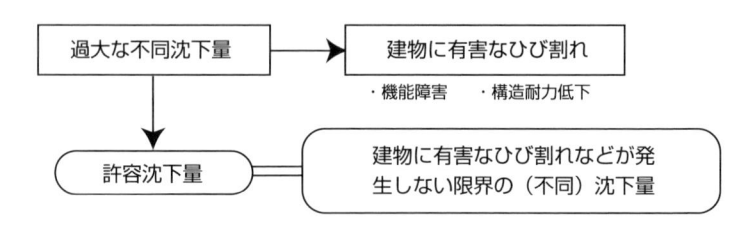

```
過大な不同沈下量 ──→ 建物に有害なひび割れ
       │              ・機能障害  ・構造耐力低下
       ↓
    許容沈下量 ──→ 建物に有害なひび割れなどが発
                    生しない限界の（不同）沈下量
```

1）許容値
　地盤条件，基礎形式，構造特性，沈下速度により異なる。

2）決定根拠
　理論的根拠がなく，過去の実測データに基づいている。

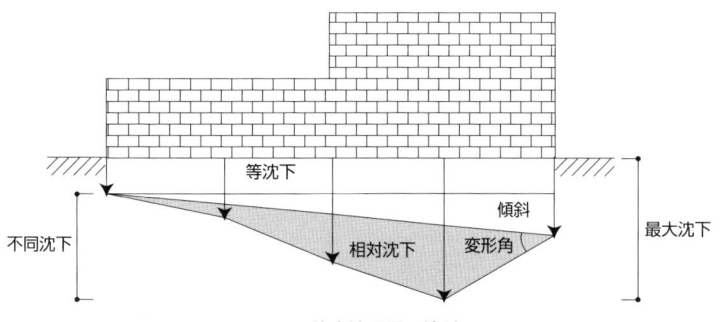

fig.5.22　許容沈下量の検討

3）鉄筋コンクリート造

fig.5.23　圧密沈下に対する許容値

	独立基礎	布基礎	べた基礎
相対沈下	3cm	4cm	5cm
最大沈下	10cm	20cm	25cm
変形角	1/500　〜　1/1,000		

fig.5.24　即時沈下*に対する許容値

	独立基礎	布基礎	べた基礎
相対沈下	1cm	1.5cm	2cm
最大沈下	3cm	4cm	6cm
変形角	1/1,000　〜　1/2,000		

＊砂層を対象とした場合

4）鉄骨造
　鉄筋コンクリート造より緩い許容値となる。

ONE POINT

上部構造に有害な障害を与えるのは相対沈下量であるが，相対沈下量はスパンによって異なるため，変形角で許容値を表すのが一般的である。

不同沈下対策

1）建物の軽量化　───　RC造からS造へ，階数の低減
2）建物長さの短縮
3）建物剛性の増加　───　基礎梁せいの増大，壁の増設
4）伸縮継手の設置　───　エキスパンションジョイントの設置
5）建物重量の再配分
6）基礎形式の変更　───　独立基礎　→　べた基礎
　　　　　　　　　　　　　直接基礎　→　杭基礎
7）地下室の増設　───　掘削排土重量による地中応力の低減
8）地盤改良　　　───　地盤の強化

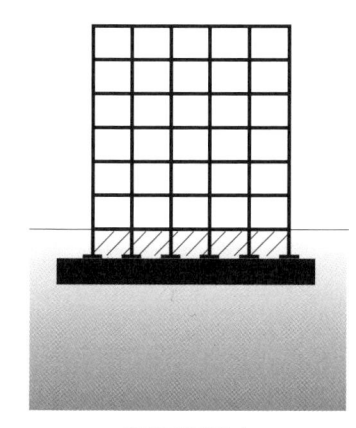

①浅層地盤改良 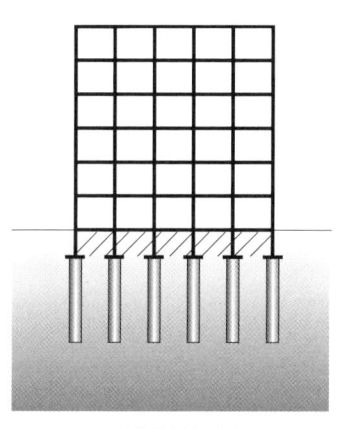　　　　　②柱状地盤改良

fig.5.25　不同沈下対策

ONE POINT

直接基礎や杭基礎だけではなく，第三の対策工法として，地盤改良工法は地盤側を強化するという意味で非常に有効である。→8章「地盤改良」参照。

沈下量の計算例（1）

圧密による最大沈下量と相対沈下量を計算せよ。

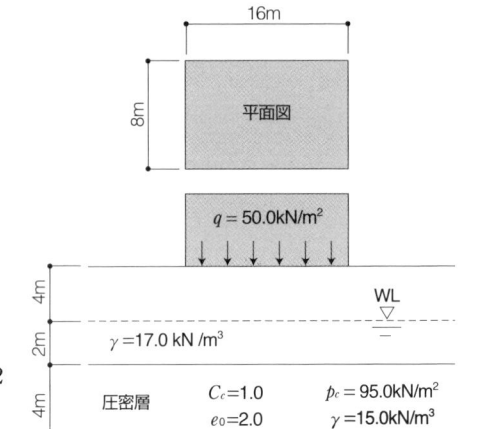

1）鉛直増加応力の計算
　　（長方形分割法）
　　中央部 $L=8$m, $B=4$m, $z=8$m
　　$m=B/z=0.5$
　　$n=L/z=1.0$

　　fig. 2.36より, $f_{B(m, n)}=0.12$
　　$\Delta \sigma_v = 4 \cdot q \cdot f_{B(m, n)} = 4 \times 50.0 \times 0.12$
　　　　$=24.0$kN/m^2

　　隅角部 $L=16$m, $B=8$m, $z=8$m
　　$m=B/z=1.0$, $n=L/z=2.0$

　　fig. 2.36より, $f_{B(m, n)}=0.20$
　　$\Delta \sigma_v = q \cdot f_{B(m, n)} = 50.0 \times 0.20 = 10.0$kN/m^2

2）圧密層中央の有効土かぶり圧の計算
　　$p_0 = 17.0 \times 4.0 + 7.19 \times 2.0 + 5.19 \times 2.0 = 92.8$kN/m^2

3）圧密沈下量の計算

$$S = \frac{C_c}{1+e_0} \cdot H \cdot \log \frac{p_0 + \Delta \sigma_v}{p_c}$$

中央部
$$S_0 = \frac{1.0}{1+2.0} \cdot 4 \cdot \log \frac{92.8 + 24.0}{95.0} = 0.120\text{m} = 12.0\text{cm} \quad \cdots\cdots\cdots\cdots \text{最大沈下量}$$

隅角部
$$S_c = \frac{1.0}{1+2.0} \cdot 4 \cdot \log \frac{92.8 + 10.0}{95.0} = 0.046\text{m} = 4.6\text{cm}$$

相対沈下量 $= S_0 - S_c = 7.4$cm

変形角 $= \dfrac{0.074}{\sqrt{8^2+4^2}} = \dfrac{8}{1{,}000}$ …………許容値オーバー

平面図　16m × 8m
$q = 50.0$kN/m^2
4m　WL
$\gamma = 17.0$ kN/m^3
2m
圧密層　4m
$C_c = 1.0$　$p_c = 95.0$kN/m^2
$e_0 = 2.0$　$\gamma = 15.0$kN/m^3

沈下量の計算例（2）

有限厚さ地盤上に建設予定の建築物の即時沈下量を、スタインブレナーの解を用いて計算せよ。

1) O点直下の沈下量 S_O

$S_O = 2 \times S_{\square AEOH} + 2 \times S_{\blacksquare HOGD}$
$= 2 \times 7.9 + 2 \times 15.8 = 47.4$

2) A点直下の沈下量 $S_A = S_B$

$S_A = S_{\square ABFH} + (S_{\blacksquare ABCD} - S_{\blacksquare ABFH})$
$= 8.6 + (17.1 - 17.3) = 8.4$

3) H点直下の沈下量 $S_H = S_F$

$S_H = S_{\square ABFH} + S_{\blacksquare FCDH}$
$= 8.6 + 17.3 = 25.9$

4) D点直下の沈下量 $S_D = S_C$

$S_D = S_{\blacksquare FCDH} + (S_{\square ABCD} - S_{\square FCDH})$
$= 17.3 + (8.5 - 8.6) = 17.2$

5) E点直下の沈下量 S_E

$S_E = 2 \times \{S_{\square AEOH} + (S_{\blacksquare AEGD} - S_{\blacksquare AEOH})\}$
$= 2 \times \{7.9 + (15.8 - 15.8)\} = 15.8$

6) G点直下の沈下量 S_G

$S_G = 2 \times \{S_{\blacksquare HOGD} + (S_{\square AEGD} - S_{\square HOGD})\}$
$= 2 \times \{15.8 + (7.9 - 7.9)\} = 31.6$

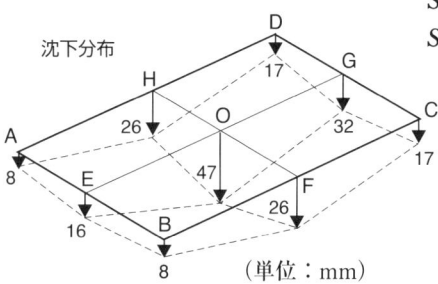

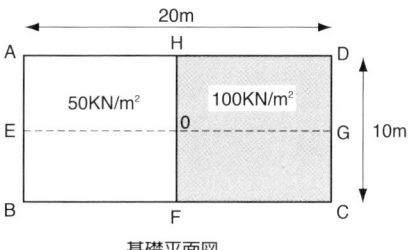

基礎平面図

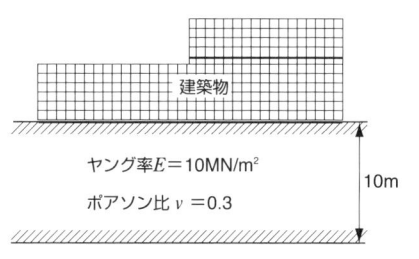

基礎・地盤断面図

ヤング率 $E = 10$MN/m²
ポアソン比 $\nu = 0.3$

$S_{\square AEOH} \rightarrow L = 10$m, $B = 5$m, $H = 10$m
$S_{\square HOGD} \rightarrow L = 10$m, $B = 5$m, $H = 10$m
$S_{\square ABFH} \rightarrow L = 10$m, $B = 10$m, $H = 10$m
$S_{\square ABCD} \rightarrow L = 20$m, $B = 10$m, $H = 10$m

として、各長方形等分布による沈下量を求め、これらを上式に従って加算し、各点の沈下量を求める。

沈下分布（単位：mm）

杭の分類

1．杭材による分類
1）RC杭（鉄筋コンクリート杭）
 ・プレストレスは導入されていないため，曲げや引張りに弱い。
2）PHC杭（プレストレスト高強度コンクリート杭）
 ・遠心成形されたコンクリートとPC鋼線より成り，最大$10\,\mathrm{N/mm^2}$の圧縮力が導入されており，曲げや引張りにも強い。
3）鋼管杭
4）SC杭（鋼管コンクリート杭）
 ・鋼管の内部に遠心成形されたコンクリートが充填された杭。
5）場所打ちコンクリート杭
 ・地盤中に直径1m～4mの縦穴を掘り，鉄筋を挿入した後，コンクリートを打設することによって造成された杭。
6）PRC杭（プレストレスト鉄筋コンクリート杭）
7）拡径杭

2．施工法による分類
1）打込み工法
 ・ディーゼルや油圧ハンマーにより打ち込む工法
2）埋込み工法
 ・地中に縦穴を掘り，杭を落とし込む工法
3）回転圧入工法
 ・翼付きの杭を静的な力で押し込む工法
4）場所打ちコンクリート杭
 ・アースドリル工法
 ・オールケーシング工法（ベノト工法）
 ・リバースサーキュレーション工法

fig.5.26　杭材（左）と施工法（右）との対応

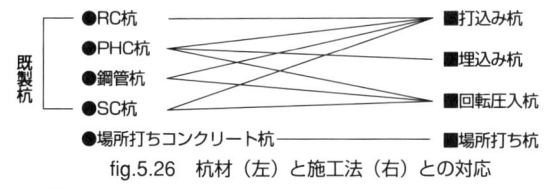

--- **ONE POINT** ---

その他，建設大臣認定工法として，拡大根固め埋込み杭工法や，節杭のセメントミルク工法，杭の先端を打撃する工法，鋼管にスクリューの取り付いた杭，さらには場所打ちコンクリート拡底杭工法など多々ある。

既製杭の施工方法

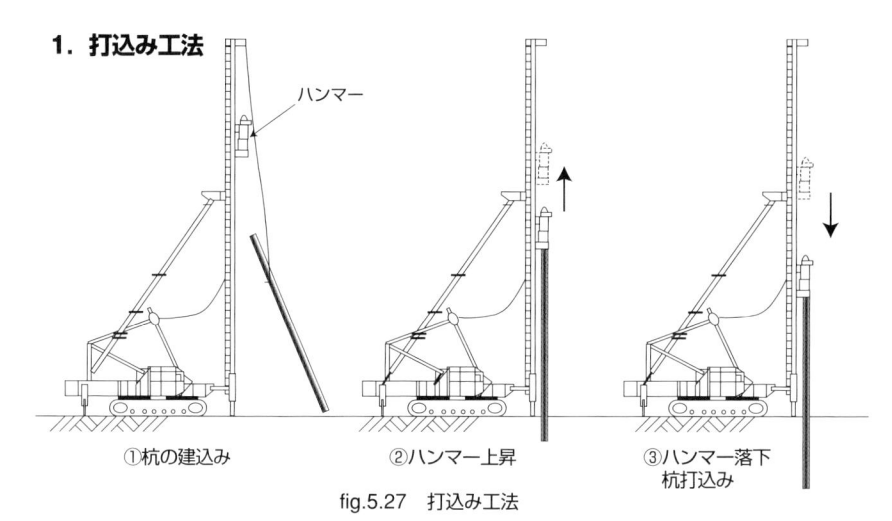

1. 打込み工法

①杭の建込み　②ハンマー上昇　③ハンマー落下 杭打込み

fig.5.27　打込み工法

2. 埋込み杭工法（プレボーリング根固め工法）

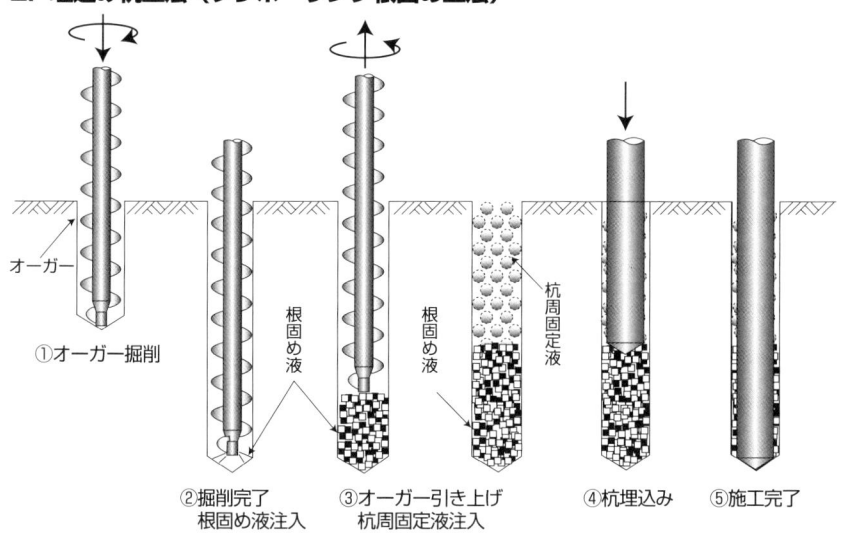

①オーガー掘削　②掘削完了 根固め液注入　③オーガー引き上げ 杭周固定液注入　④杭埋込み　⑤施工完了

fig.5.28　埋込み工法

ONE POINT

打込み杭は騒音・振動規制により、市街地で使われることは少なくなった。主流は埋込み杭工法で、プレボーリングタイプと中掘りタイプとがある。いずれも高止まりしないように施工管理が重要である。

場所打ちコンクリート杭の施工方法（1）

1. アースドリル工法

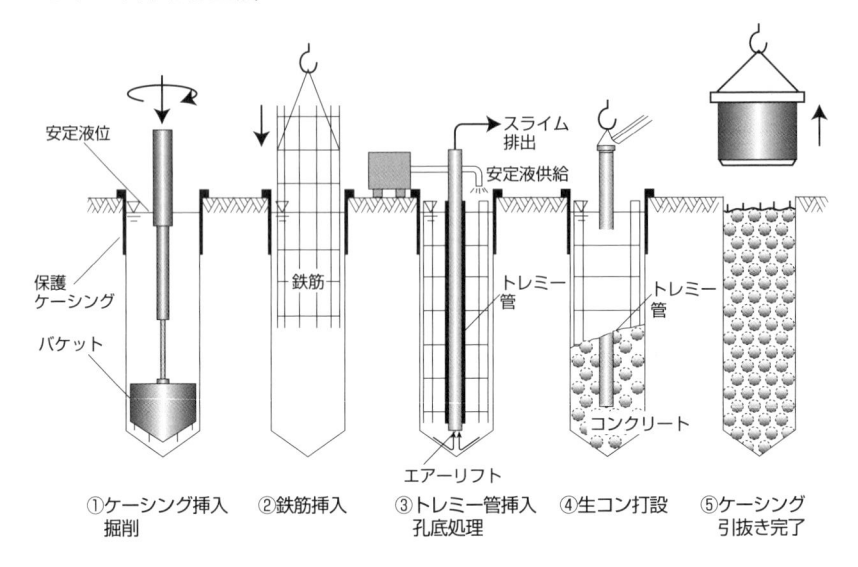

fig.5.29　アースドリル工法の施工順序

①ケーシング挿入 掘削　②鉄筋挿入　③トレミー管挿入 孔底処理　④生コン打設　⑤ケーシング引抜き完了

1）長所
　低騒音・低振動
　機械装置，仮設が簡単
　敷地境界から杭芯までの距離小さい
　工事費安い
2）短所
　礫層の掘削が困難
　安定液の管理が悪いと孔壁崩壊やコンクリートの強度低下の可能性あり
　スライム・廃泥水の処理量が多い

--------ONE POINT--------
場所打ちコンクリート杭の中で最も多いタイプである。スライム処理と安定液の管理がポイントである。また，孔壁が崩壊しないよう，安定液位は地下水位より常に高くしておく。適用杭径は ϕ 700〜2,000，最大杭長60mである。

場所打ちコンクリート杭の施工方法（2）

2. オールケーシング（ベノト）工法

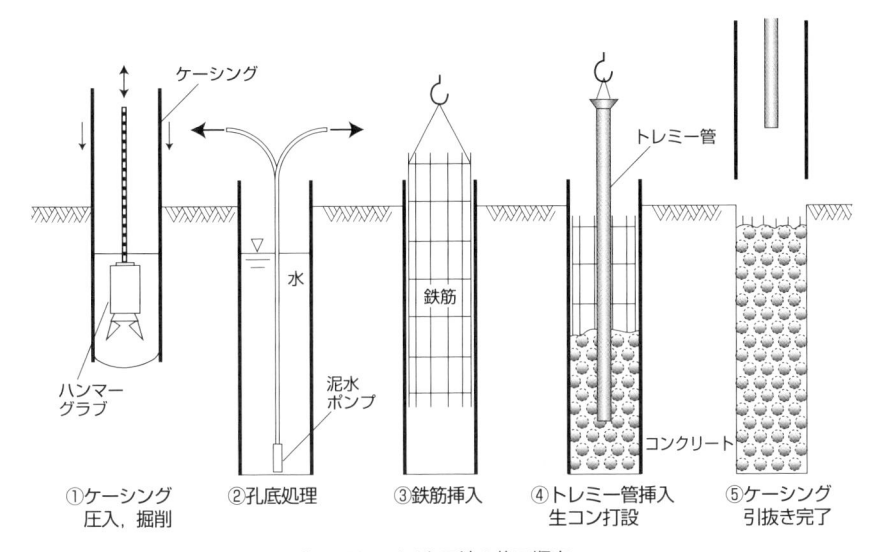

①ケーシング圧入，掘削
②孔底処理
③鉄筋挿入
④トレミー管挿入 生コン打設
⑤ケーシング引抜き完了

fig.5.30　ベノト工法の施工順序

1) 長所
　孔壁崩壊の危険性がない
　確実な杭断面寸法が確保できる
　玉石地盤の掘削が可能

2) 短所
　地下水位以下の砂層が厚いときは、ケーシングの引抜きが困難な場合あり
　ボイリングやヒービングの可能性あり
　鉄筋共上がりに注意が必要
　敷地境界から杭芯までの距離大きい

ONE POINT

アースドリルと同じく安定液管理とスライム処理がポイント。適用杭径 ϕ 700〜2,000程度，最大杭長40m程度である。

場所打ちコンクリート杭の施工方法（3）

3. リバースサーキュレーション工法

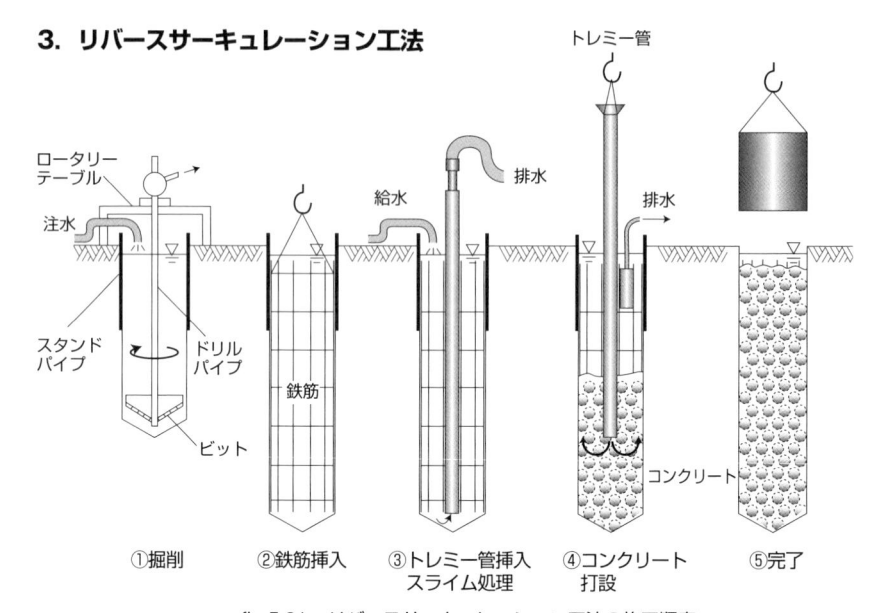

fig.5.31　リバースサーキュレーション工法の施工順序

1）長所
　低騒音・低振動
　大口径（φ3m位）・大深度（75m位）が可能
　泥水流速が孔内で遅く、自然泥水でも孔壁保護が可能
　玉石などを除き、あらゆる土質に適用できる
　特殊ビットにより岩の掘削が可能
2）短所
　ドリルパイプ径より大きな玉石の掘削不可
　泥水管理が不十分であると孔壁崩壊の可能性あり
　仮設がやや大がかり
　廃泥水の処理量が多い

ONE POINT

3つの工法の中では採用される頻度が最も少ない。孔壁の保護はアースドリル工法と同じく、孔内の水頭差圧によって行う。適用杭径はφ1,000〜3,000程度、最大杭長は90m程度までである。

杭の許容鉛直支持力

1. 杭に作用する鉛直荷重
下記の条件を満足することが求められる。
- 杭体の許容圧縮応力以下であること
- 杭の許容鉛直支持力以下であること

2. 杭体の許容圧縮応力度
fig.5.32　杭体の許容圧縮応力度

杭種		長期	短期
高強度プレストレスト コンクリート杭 （PHC杭）	$\sigma_e = 4$	20	40
	$\sigma_e = 8$ $\sigma_e = 10$	24	42.5
場所打ちコンクリート杭		$F_c/4.5$ 6.0N/mm^2以下	長期の2倍
鋼管杭		$F^*/1.5$	長期の1.5倍

σ_e：有効プレストレス量（N/mm^2）
F^*：鋼材の設計基準強度

3. 許容鉛直支持力の求め方
1） 杭の鉛直載荷試験より求める方法
　信頼性が高く，支持力式より大きな値を期待できる。
　試験費用が高い。
　杭本数が多い場合に実施するメリットがある。
2） 支持力式より求める方法
　最も一般的な方法である。
　安全側を見て支持力を過小評価する傾向にある。
3） 打込み式より求める方法（長期許容支持力）
　杭の設計よりも，むしろ施工管理に利用されることが多い。

ONE POINT

杭体の許容圧縮応力は，継手の箇所数や杭の長さ径比の大きさによって低減されることが一般的に行われている。

杭の鉛直支持力

杭頭に作用した荷重は，杭周面摩擦と杭先端地盤の支持力により抵抗する。
・杭の鉛直支持力＝杭周面の摩擦抵抗＋杭先端地盤の支持力

1）摩擦杭
　・先端支持力より周面摩擦抵抗が卓越
　・支持層が深い，低中層の建物に適用
2）支持杭
　・周面摩擦抵抗より先端支持力が卓越
　・中高層の建物に適用
3）摩擦杭と支持杭の支持メカニズムは基本的に同一

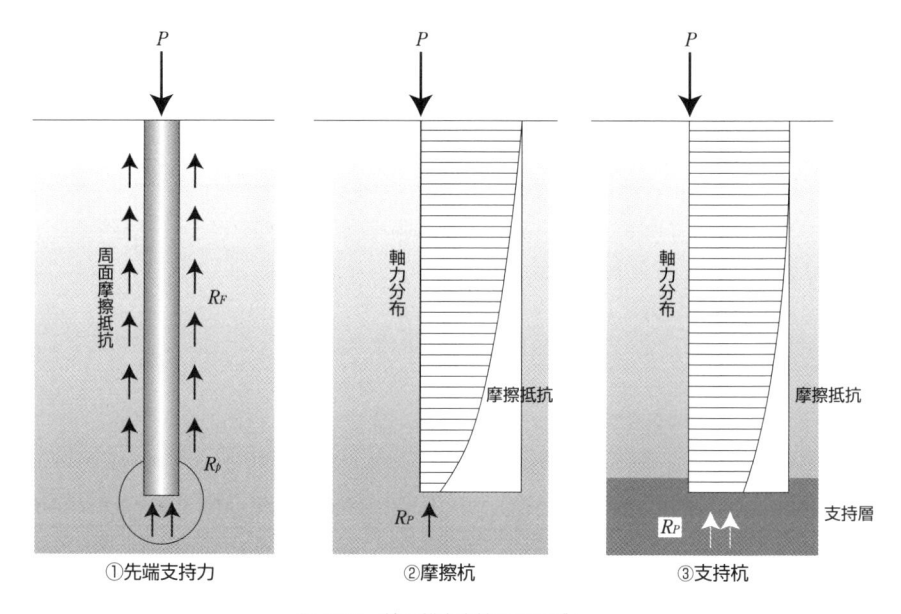

fig.5.33　杭の鉛直支持メカニズム

ONE POINT

周面摩擦力には，正の周面摩擦力と負の周面摩擦力（ネガティブフリクション）がある。杭は支持杭であっても，通常はほとんど正の周面摩擦力で建物を支持している。

杭の荷重－沈下量関係

1）杭頭部の荷重－沈下量関係
　摩擦抵抗と先端抵抗の和である。
2）摩擦抵抗
　沈下量が少ない段階から効果を発揮する。
　沈下量の少ない段階で降伏する（沈下量 $S/$ 柱径 $D<3\%$）。
　降伏点が明確に現れる。
3）先端支持力
　沈下量が大きくなってから効果を発揮する。
　降伏点が不明確である。
4）杭工法による違い
　打込み杭：先端支持力が沈下量の少ない段階から効果を発揮する。
　　　　　　降伏点が明確である。
　埋込み杭，場所打ち杭：沈下量が少ない段階では摩擦抵抗が卓越する。
　　　　　　　　　　　降伏点が不明確である。

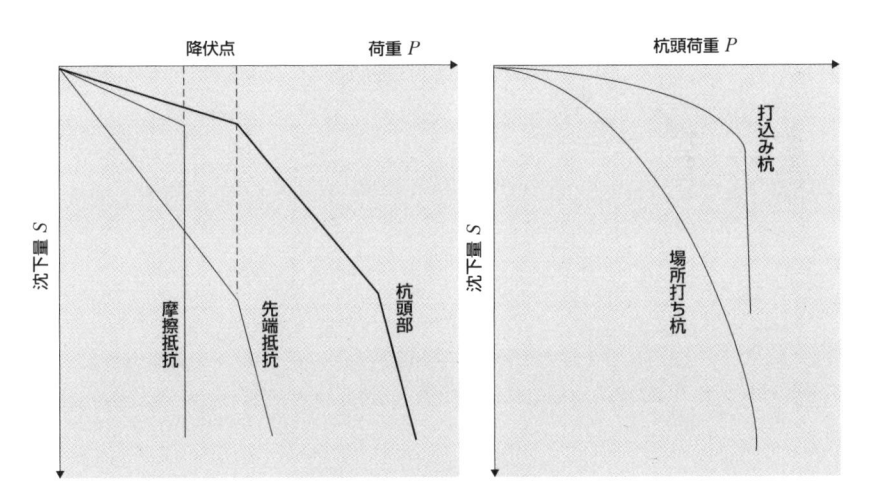

fig.5.34　荷重－沈下関係の概念図

ONE POINT

特に場所打ち杭では，先端のスライム処理が不十分であると，初期荷重において大きな沈下量となってしまう。

杭の鉛直支持力式（1）

先端支持力は杭工法により異なる。
　（大）打込み杭　　：先端地盤を緩めない
　（中）埋込み杭　　：先端地盤を緩めてしまう
　（小）場所打ち杭：先端地盤を緩めてしまう
　　　　　　　　　　スライム（掘削土）が沈殿する

1. 打込み杭の許容支持力

$$R_a = \frac{1}{F_s} \left\{ \underbrace{300 \cdot \bar{N} \cdot A_p}_{\text{先端支持力}} + \underbrace{\left(\underbrace{\frac{10}{3} N_s \cdot L_s}_{\text{砂質土}} + \underbrace{\frac{1}{2} q_u \cdot L_c}_{\text{粘性土}} \right) \cdot \psi}_{\text{周面摩擦力}} \right\}$$

（F_s：安全率）

R_a：杭の許容支持力（kN）
$\bar{N}$：杭先端より上$4D$，下$1D$の平均N値
A_p：杭先端の断面積（m²）
N_s：砂質土層のN値
q_u：粘性土層の一軸圧縮強度
ψ：杭の周長（m）
L_s：砂質土層中の杭長（m）
L_c：粘性土層中の杭長（m）

摩擦力度 τ（上限：100kN/m²）の値は下記のとおり。
　砂質土：$\tau = \frac{10}{3} N_s$（kN/m²）
　粘性土：$\tau = q_u/2$（kN/m²）……粘着力cより求める場合

2. 埋込み杭の許容支持力

$$R_a = \frac{1}{F_s} \left\{ \underbrace{200 \sim 250 \cdot \bar{N} \cdot A_p}_{\text{先端支持力}} + \underbrace{\left(\underbrace{\frac{10}{3} N_s \cdot L_s}_{\text{砂質土}} + \underbrace{\frac{1}{2} q_u \cdot L_c}_{\text{粘性土}} \right) \cdot \psi}_{\text{周面摩擦力}} \right\}$$

（F_s：安全率）

$\bar{N}$：杭先端より上$1D$，下$1D$の平均N値

ONE POINT

杭打ち式を除く3つの式とも，第1項は先端支持力に関する項で，第2項は周面摩擦力に関する項である。第1項のそれぞれの係数の大小が，先端地盤に対する杭の支持力性能を表していると言える。

杭の鉛直支持力式 (2)

3. 場所打ちコンクリート杭の許容支持力

$$R_a = \frac{1}{F_s}\left\{150 \cdot \bar{N} \cdot A_p + \left(\frac{10}{3} N_s \cdot L_s + \frac{1}{2} q_u \cdot L_c\right) \cdot \psi\right\} - W_p$$

$\bar{N}$：杭先端より上1D，下1Dの平均N値
W_p：杭の自重（kN）

杭自重を差し引いた値が許容支持力となる

⬇

杭自重が小さければ支持力は増加する

⬇

拡底杭の普及につながった

4. 安全率 F_s

長期荷重に対する安全率　　$F_s = 3.0$
短期荷重（地震時，施工時）に対する安全率
　　　　　　　　　　　　　$F_s = 1.5$

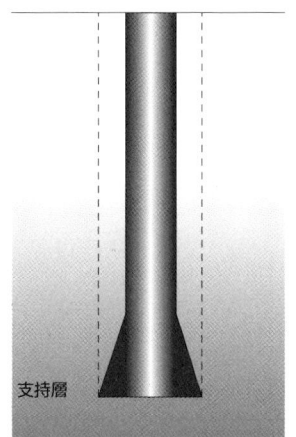

fig.5.35　拡底杭

5. 杭打ち式より長期許容支持力を求める方法

打込み杭の長期許容支持力は，打撃エネルギーと貫入量の関係より求めることができる。
　→ただし，施工管理に利用

$$R_a = \frac{F}{5 \cdot S + 0.1}$$

F：打撃エネルギー（kN・m）
S：1回打撃の杭貫入量（m）

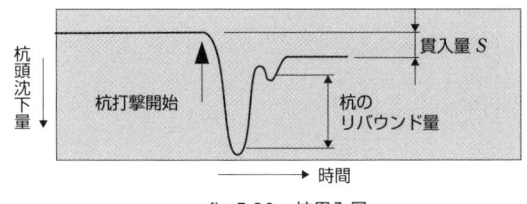

fig.5.36　杭貫入量

杭の鉛直載荷試験

1. 載荷試験方法

　反力杭，反力梁を反力として，試験杭を油圧ジャッキにより段階的に加力して，荷重−沈下関係を求める。

　杭の鉄筋にひずみ計を取り付け，この値より軸力分布（各土層の摩擦応力度）や先端到達荷重も求められる。

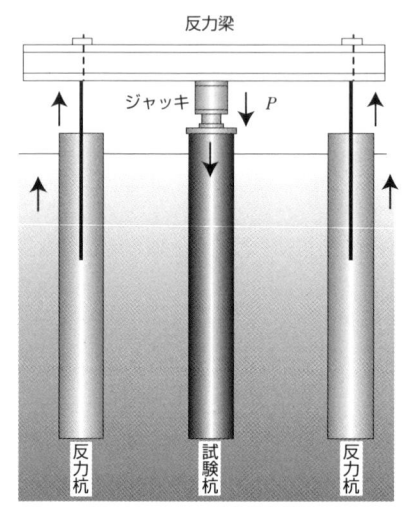

fig.5.37　杭の鉛直載荷試験

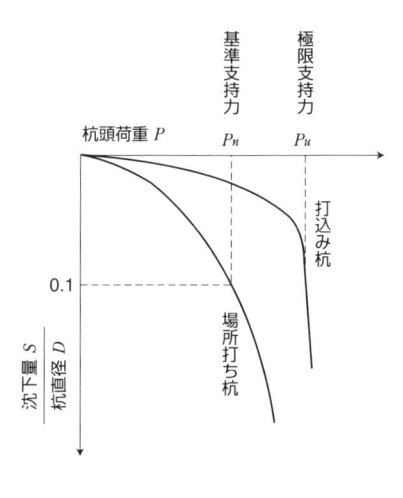

fig.5.38　杭の荷重−沈下関係

2. 許容支持力の求め方

1） 極限支持力が確認できる場合…打込み杭，埋込み杭
　　長期許容支持力：$R_a = P_u/3$
　　短期許容支持力：$R_a = P_u/1.5$
2） 極限支持力が確認できない場合…場所打ち杭，埋込み杭
　　長期許容支持力：$R_a = P_n/3$
　　短期許容支持力：$R_a = P_n/1.5$

ONE POINT

場所打ち杭の載荷試験は大口径であるため，実施されることは少なかったが，最近は新しい先端載荷試験法が開発され，次第に支持力性能が明らかにされつつある。

杭の鉛直支持力の計算例

1) 長期許容鉛直支持力を計算せよ
   杭材：既製コンクリート杭：$D=60$cm，杭長20m
   工法：埋込み杭（認定工法）
   設置深度：GL-22.6m

   $A_p = 0.6^2 \times \pi / 4$
   $\quad = 0.28\text{m}^2$
   $\psi = 0.6 \times \pi = 1.9\text{m}$

   ① 先端部平均N値（$\overline{N}$）
   　上：1D，下：1Dの平均値
   　上1D：22.0～22.6mのN値1つ
   　下1D：22.6～23.2mのN値1つ

   　$\overline{N} = (25+50)/2 = 37$

   ② 先端支持力（R_p）
   　$R_p = 250 \cdot \overline{N} \cdot A_p$
   　$\quad = 250 \times 37 \times 0.28 = 2,590$kN

   ③ 周面摩擦力（R_f）
   　$R_f = (\dfrac{10N}{3} \cdot L_s + \dfrac{q_u}{2} \cdot L_c) \cdot \psi$
   　$\quad = (\dfrac{10 \times 15}{3} \times 4 + \dfrac{60}{2} \times 10 + \dfrac{10 \times 25}{3} \times 5)$
   　$\quad\quad \times 1.9$
   　$\quad = (200 + 300 + 417) \times 1.9$
   　$\quad = 1,742$kN

   ④ 許容支持力（R_a）
   　$R_a = \dfrac{1}{F_s}(R_p + R_f)$
   　$\quad = \dfrac{1}{3}(2,590 + 1,742) = 1,444$kN

2) 長期軸力4,500kNが作用する場合の
   必要杭本数nを求めよ

   　$n = 4,500/1,444 = 3.1 \quad \rightarrow \quad 4$本

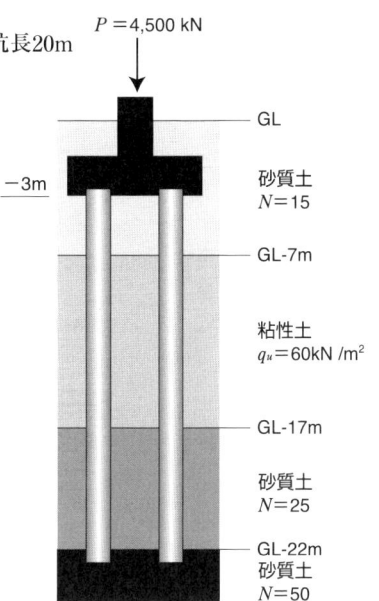

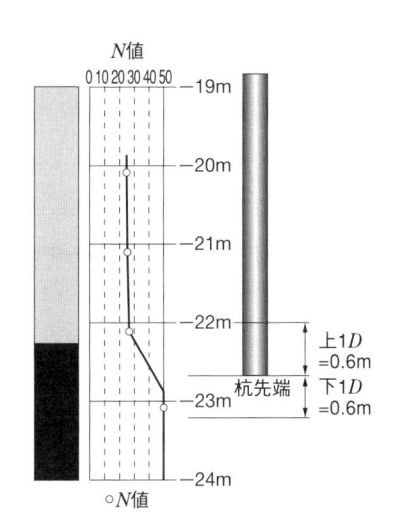

地盤沈下地帯の支持杭

1. 負の摩擦力（ネガティブフリクション）

未圧密粘性土地盤を貫いて杭が打設されている場合，沈下する地盤は杭をも一緒に引き下げようとして，下向きの周面摩擦力（負の摩擦力）が杭に作用する。

⇩

杭の過大な沈下，杭体の破損（圧縮破壊，座屈）をもたらす。

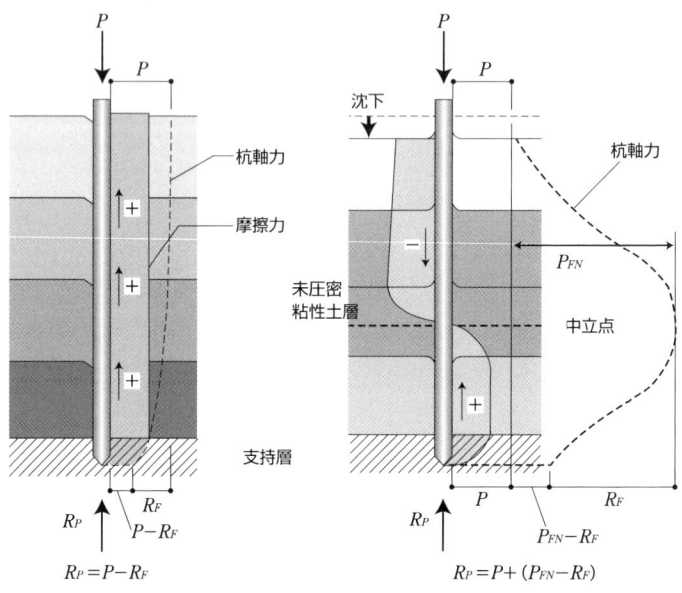

$R_P = P - R_F$

$R_P = P + (P_{FN} - R_F)$

fig.5.39　負の摩擦力

2. 設計上の留意事項

負の摩擦領域における摩擦抵抗を考慮しない。
負の摩擦力を荷重として付加する。
上記2項目を考慮した支持力と杭体応力を検討する。

3. 対策

杭の径や強度を増加させる。
摩擦カット材（アスファルトなど）を塗布する。

----**ONE POINT**----

中立点の深さL_nは杭長をLとすると，摩擦杭で$0.8L$，支持杭で$0.9L$または$1.0L$の値を採用している。

杭基礎の耐震性

1) 地震時に杭基礎に作用する外力

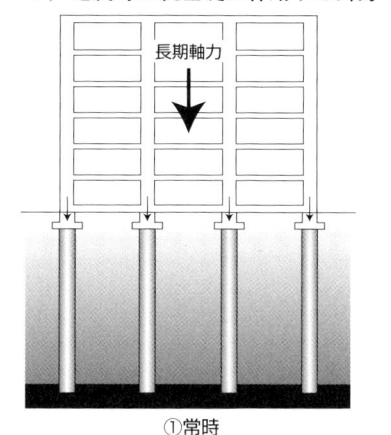

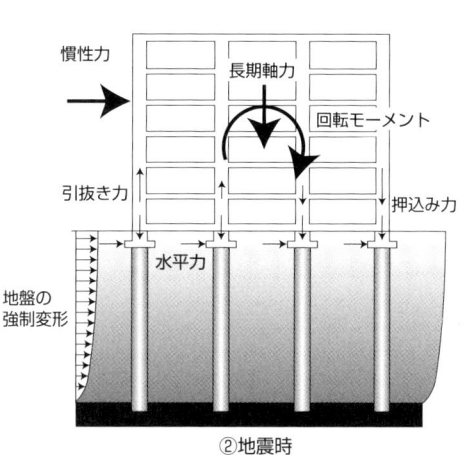

fig.5.40　地震時に杭基礎に作用する外力

2) 上部構造の慣性力による回転モーメント

　　　↓
　　軸力変動　→①軸力増加側…軸力＝長期軸力＋押込み力
　　　　　　　　　・軸力＜短期鉛直支持力
　　　　　　　　　・杭の圧縮応力＜許容圧縮応力
　　　　　　　②軸力減少側…軸力＝長期軸力－引抜き力
　　　　　　　　　・軸力＜許容引抜抵抗
　　　　　　　　　・杭の引張応力＜許容引張応力

3) 上部構造の慣性力による水平力

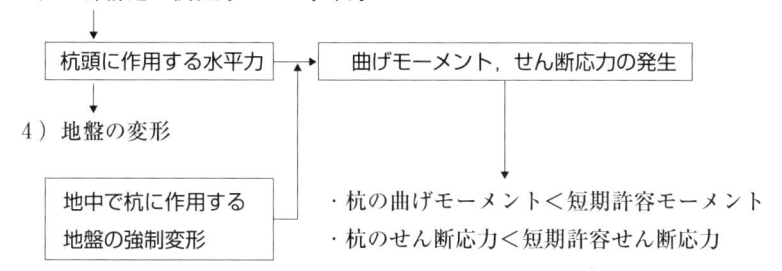

　　杭頭に作用する水平力　→　曲げモーメント，せん断応力の発生

4) 地盤の変形

　　地中で杭に作用する地盤の強制変形

・杭の曲げモーメント＜短期許容モーメント
・杭のせん断応力＜短期許容せん断応力

ONE POINT

杭頭の固定度が確認されていない場合，杭頭条件を固定ではなくピンと仮定して設計すると，地震時に被害が杭頭に集中することがある。

杭に作用する外力と変形分布（1）

1. 杭に作用する外力
杭には水平力 H_i と 軸力 N_i が作用する。

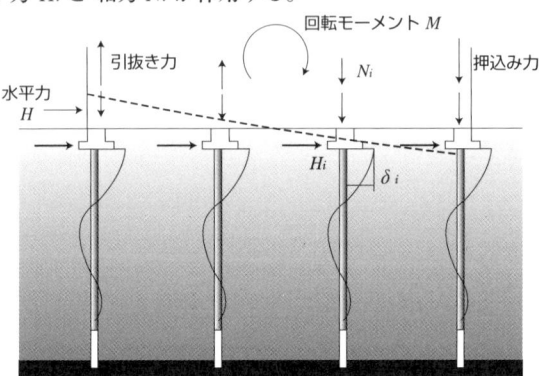

fig.5.41　杭に作用する外力

2. 杭の水平力分担率
同一建物で径や長さが異なる杭を使用した場合
- 水平力の分担率が異なる
- 太い杭，短い杭　→　変形しにくい（剛性が高い）
　　　　　　　　　→　水平力の分担率が高い

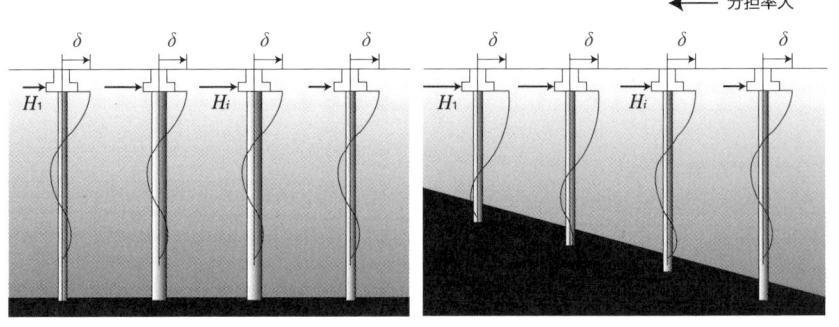

①杭径が異なる場合　　　②杭長が異なる場合

fig.5.42　杭の水平力分担率

ONE POINT

杭に作用する曲げモーメントは，水平力が大きいほど，また杭が硬いほど大きく，逆に地盤が硬いほど小さい。

杭に作用する外力と変形分布（2）

3. 群杭効率

フーチングを n 本の杭で支持する場合の水平抵抗
↓
その水平抵抗は杭単独（1本）の水平抵抗の n 倍よりも小さい
↓
水平力の分担率も異なる

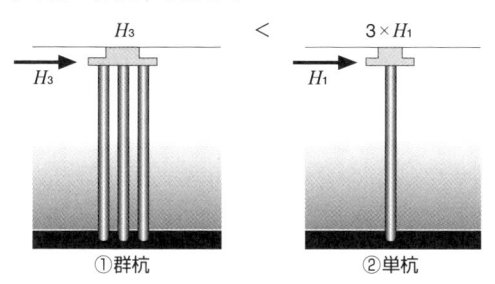

①群杭　②単杭

fig.5.43　群杭効率

4. 地下室による水平力の低減

・地下壁側面の摩擦抵抗
・地下壁前面の受働（土圧）抵抗
→ 杭に作用する水平力が低下

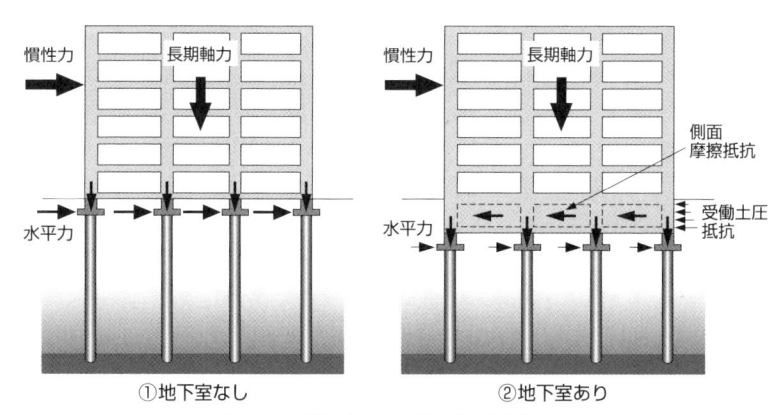

①地下室なし　②地下室あり

fig.5.44　地下室による水平力の低減

ONE POINT

群杭の耐力の低下の割合は杭径に対する杭間隔が狭いほど大きい。これは，杭に囲まれた部分の土の地盤反力が低下するためである。

水平力による杭の応力と変位

1. 曲げ変形に対する基本方程式

$$E_0 \cdot I \frac{d^4 y}{dx^4} + p(x) = 0$$

- x：杭頭からの深さ（m）
- y：深さ x での杭の水平変位（m）
- E_0：杭のヤング率（kN/m²）
- I：杭の断面2次モーメント（m⁴）
- $p(x)$：深さ x での水平地盤反力（kN/m）
- B：杭の幅（m）
- k_h：水平地盤反力係数（kN/m³）

$$p(x) = k_h \cdot B \cdot y$$

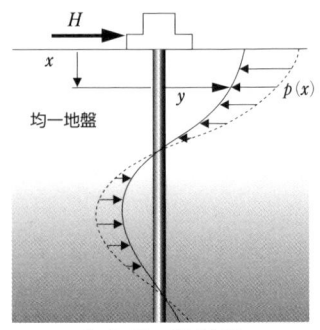

fig.5.45　曲げ変形

2. 杭頭固定の場合の曲げモーメントと変形（Changの式）

M_0	$H/2\beta$ (kN·m)
M_{max}	$-0.104 H/\beta$ (kN·m)
L_m	$\pi/2\beta$ (m)
y_0	$H\beta/k_h \cdot B$ (m)
L_0	$3\pi/4\beta$ (m)

$$\beta = \sqrt[4]{\frac{k_h \cdot B}{4 E_0 \cdot I}} \ (\mathrm{m}^{-1})$$

①水平変位　②曲げモーメント

fig.5.46　杭頭固定の場合の曲げ変形

杭頭モーメント M_0
- → 水平力 H，杭の剛性 EI が大きいほど大きく
- → 地盤反力係数 k_h，杭幅 B が小さいほど大きい

地盤反力係数 k_h
- $k_h = 2.5 \cdot E \cdot B^{-3/4}$（kN/m³）→ 地盤が硬いほど，杭が細いほど大きい
- E：地盤のヤング率

ONE POINT

水平力によって生じる杭体の曲げモーメント，変位などは弾性支承梁として計算される。計算には水平地盤反力係数 k_h が必要となり，そのために地盤のヤング率 E を求めなければならない。E はボーリング孔内での測定や一軸または三軸圧縮試験あるいは N 値（→075参照）から求められる。

杭の引抜き抵抗

1. 杭の許容引抜き抵抗

杭の引抜き抵抗＝杭周面の摩擦抵抗＋杭の自重

$$_tR_a = \frac{1}{F_s} \cdot {_tR_F} + W_p$$

（周面摩擦抵抗）（杭の自重）

地震時の安全率　$F_s = 1.5$
引抜き摩擦抵抗 $_tR_F$ は，押込み
摩擦抵抗 R_F の80%以下とする。

2. 液状化層の取扱い

1) 地盤の抵抗を期待できない
　　杭周面の摩擦抵抗
　　水平地盤反力

2) 地盤の強制変形を考慮

　①設計上の配慮
　　　鉛直支持力の低下
　　　引抜き抵抗の低下
　　　杭の曲げモーメント
　　　せん断力の増加

　②対策
　　　液状化防止（地盤改良）
　　　液状化を前提とした基礎補強
　　　（杭の強化，地中連続壁）

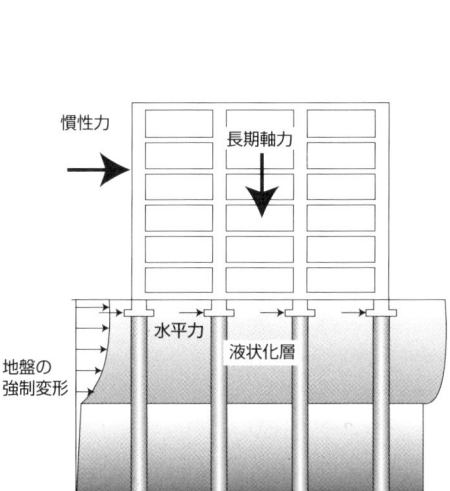

fig.5.47　引抜き抵抗

fig.5.48　液状化時

ONE POINT

液状化層では設計上，地盤反力係数の低減が一般に行われる。しかし，液状化層の位置や厚さによって低減値を設定することは難しく，また周面摩擦抵抗もほとんど期待できないため，今後は地盤改良との併用を考えていくことも有効と考えられている。

第6章 擁壁の設計

擁壁の安定性の検討

転倒とすべりの検討

擁壁下部地盤の支持力に対する検討

配筋と擁壁設計上の留意点

擁壁の計算例(1)

擁壁の計算例(2)

擁壁の安定性の検討

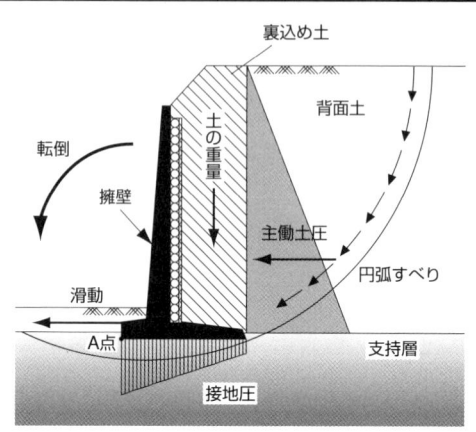

fig.6.01　擁壁の検討事項

1．転倒の検討
土圧により擁壁が底盤先端部A点を中心に転倒する可能性は？

2．滑動の検討
擁壁が土圧により前面に滑り出す可能性は？
外力：主働土圧　　抵抗力：底盤と地盤との摩擦抵抗

3．擁壁下部支持地盤の破壊に対する検討
擁壁底盤の接地圧が下部地盤の許容支持力を上回る可能性は？
外力：接地圧（背面土の重量，裏込め土の重量，擁壁の重量）
抵抗力：下部地盤の支持力

4．円弧すべりの検討
擁壁を含む地盤全体が滑り破壊を起こす可能性は？
外力：背面土の重量，裏込め土の重量，擁壁の重量
抵抗力：下部地盤の重量，粘着力，内部摩擦角

ONE POINT

擁壁には石積みやブロック積みの軽微なものと，計算によって安全性を確かめるRC造L型擁壁とがある。前者は背面土が変形しないことが前提となっており，後者は背面土の土圧を支持する形式のものである。

転倒とすべりの検討

1. 転倒の検討

A点をモーメントの中心として，
転倒モーメント $M_A = P_A \cdot y$
抵抗モーメント $M_r = W \cdot l'$
W：(擁壁＋裏込め土) の重量
q は H' に置き換える。$H' = q/\gamma$
条件：$F = M_r / M_A \geqq 1.0$

2. 受働土圧

安全側に検討するため，受働土圧は考えない。

3. W の評価

コンクリート断面の重量は，裏込め土＋背面土の部分と同じ単位体積重量 γ とみなして計算することが多い。また，作用点 l' は A点から $(l+b)/2$ とする。W の大きさは $(l-b) \cdot H \cdot \gamma$ として考えることが多い。

4. 滑動の検討

$R_H = W \cdot \tan\phi = W \cdot \mu$
R_H：擁壁底面における摩擦力
μ：摩擦係数

fig.6.02 転倒の検討

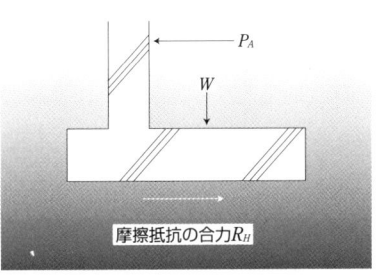

fig.6.03 滑動の検討

fig.6.04 摩擦係数の標準値

シルトや粘土を含まない粗粒土	0.55（$\phi ≒ 29°$）
シルトを含む粗粒土	0.45（$\phi ≒ 24°$）
シルトまたは粘土（フーチング下の厚さ約10cmの土をよく締め固めた角張った砂または砂利で置換する）	0.35*（$\phi ≒ 19°$）

[注] ＊ $0.35q \leqq q_u/2$ の場合のみ。　　q：フーチング底面の平均接地圧（テルツァーギ＆ペックによる）

ONE POINT

転倒の検討に関しては，前面突出し長さを大きく取ると安全率 F を大きくするのに有利である。滑動に対する検討では，底盤の底面は支持地盤と十分に噛み合っている場合が多いため，コンクリート直下の摩擦係数 μ よりも，この下の土の μ を採用するほうがよい。

擁壁下部地盤の支持力に対する検討

1. 支持力に対する検討

WとP_Aによってスラブ底面の図心Oに対してモーメントM_0が発生する。

$$M_0 = P_A \cdot y - W \cdot x = P_A \cdot y - W \cdot \frac{b}{2}$$

偏心距離 $e = \dfrac{M_0}{W}$

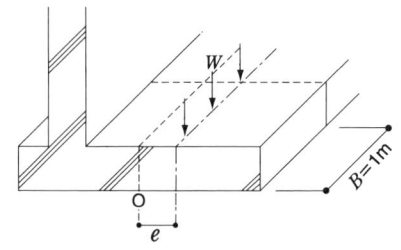

fig.6.05　スラブ底面の図心に対するモーメント

$$x = \frac{l}{2} - \frac{(l-b)}{2} = \frac{b}{2}$$

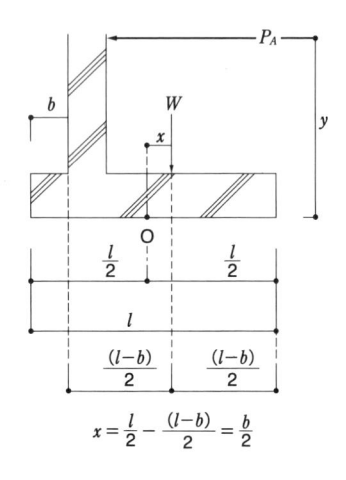

fig.6.06　下部地盤の支持力の検討

接地圧　$\sigma_{max} = \alpha \cdot W/A$　　$\sigma_{min} = \alpha' \cdot W/A$

fig.6.07　αの求め方

$e/l > \dfrac{1}{6}$	$e/l < \dfrac{1}{6}$
σ_{max} 〜 σ_{min}, $\sigma_{min}=0$	σ_{max}, σ_{min}
$\alpha = \dfrac{2}{3\left(\dfrac{1}{2}-\dfrac{e}{l}\right)}$	$\alpha = 1+6\dfrac{e}{l}$,　$\alpha' = 1-6\dfrac{e}{l}$

$\sigma_{max} \leqq$ 許容支持力 f_e

$e/l > 1/6$のとき$\sigma_{min}=0$になるのはなぜか？　接地圧σがマイナスになるということは土に引張力が作用することになる。土は引張力に抵抗しないから，接地圧は0とするのである。

ONE POINT

底盤の大きさは接地圧が引張応力とならないように，lは$e/l<1/6$となるようにlを設定しておくことが望ましい。

配筋と擁壁設計上の留意点

1. 配筋

主筋は引張側へ配筋する

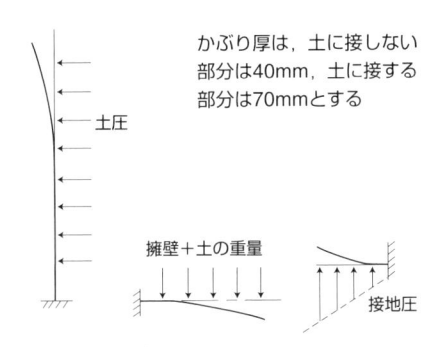

かぶり厚は、土に接しない部分は40mm、土に接する部分は70mmとする

①：壁　②：背面スラブ　③：前面スラブ

fig.6.08　各部の応力状態

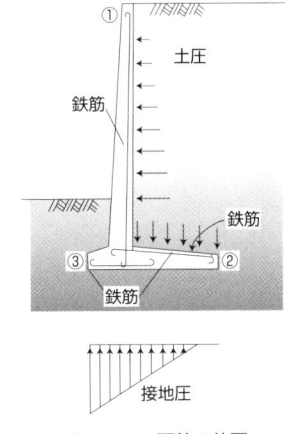

fig.6.09　配筋の位置

2. 造成地盤上の建物設計上の注意点

1) 上載荷重に耐えられない擁壁の対策
すべり線より布基礎を下げる。
または、基礎下にラップルコンクリートをすべり線より下側に設ける。

2) 切土または盛土にまたがる場合

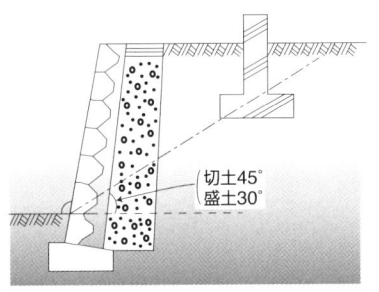

切土45°
盛土30°

fig.6.10　布基礎の深さをすべり線より下げる

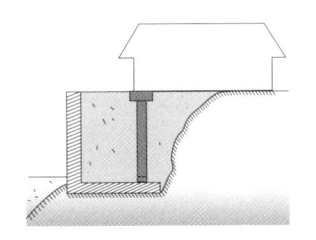

fig.6.11　×擁壁の変形が建物の変形となる

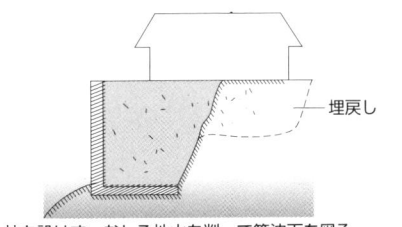

fig.6.12　○一様な沈下を促す

杭を設けず、むしろ地山を削って等沈下を図る

埋戻し

ONE POINT

擁壁と建物との間隔が狭いと、擁壁に及ぼす建物荷重の影響が問題となる。建物が近接しても十分安全である余裕の設計をしておくことが大切である。

擁壁の計算例（1）

盛土地盤に高さ$H_0 = 3.0$mの擁壁を設計する。根入れ深さは$h = 1.0$mとする。上載荷重$q = 15 \sim 18$kN/m²を見込み，これを土の重さ（γ）に換算して$\gamma = 15 \sim 18$kN/m³として$H' = q/\gamma = 1$mとみなす。擁壁底版全長$l = 2.0$mとし，前部に$b = 0.5$m張り出させる。土圧係数$K_A = 0.35$，摩擦係数$\mu = 0.55$，許容支持力$R_a = 250$kN/m²として，この擁壁の安全性を検討せよ。

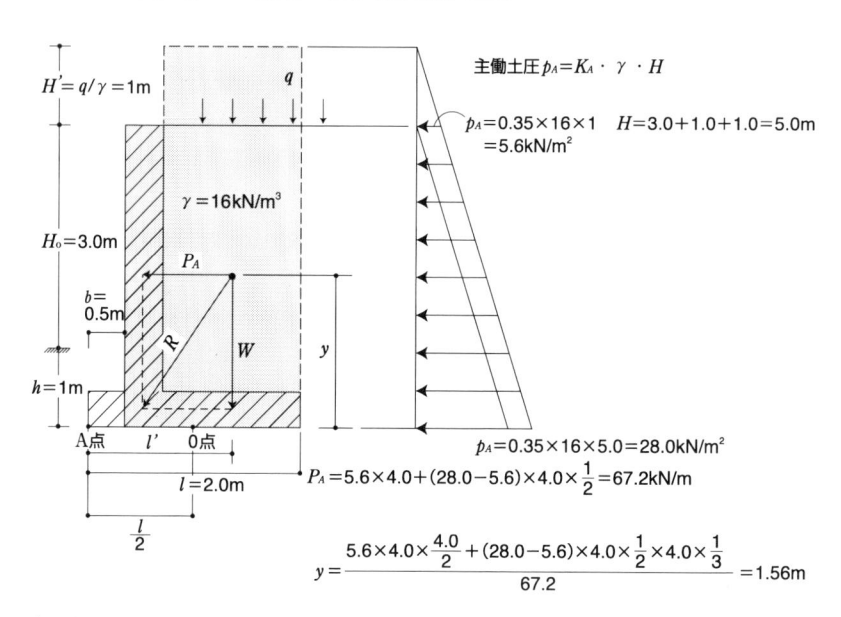

主働土圧 $p_A = K_A \cdot \gamma \cdot H$

$p_A = 0.35 \times 16 \times 1$　　$H = 3.0 + 1.0 + 1.0 = 5.0$m
　　$= 5.6$kN/m²

$p_A = 0.35 \times 16 \times 5.0 = 28.0$kN/m²

$P_A = 5.6 \times 4.0 + (28.0 - 5.6) \times 4.0 \times \dfrac{1}{2} = 67.2$kN/m

$$y = \dfrac{5.6 \times 4.0 \times \dfrac{4.0}{2} + (28.0 - 5.6) \times 4.0 \times \dfrac{1}{2} \times 4.0 \times \dfrac{1}{3}}{67.2} = 1.56\text{m}$$

1) 擁壁の転倒に対する検討

$M_A = P_A \cdot y$　　$M_r = W \cdot l'$

Wは近似値として$W = (l - b) \cdot H \cdot \gamma = (2.0 - 0.5) \times 5.0 \times 16 = 120.0$kN/m

$l' = \dfrac{l + b}{2} = \dfrac{2.0 + 0.5}{2} = 1.25$m

$M_A = 67.2 \times 1.56 = 104.8$kN・m/m　　$M_r = 120.0 \times 1.25 = 150.0$kN・m/m

$F = \dfrac{M_r}{M_A} = \dfrac{150.0}{104.8} = 1.43 > 1.0$　可

擁壁の計算例（2）

2) 擁壁の滑動に対する検討

摩擦力 $R_H = 0.55 \cdot W = 0.55 \times 120.0 = 66.0\text{kN/m} < P_A = 67.2\text{kN/m}$　不可

3) 擁壁の支持力に対する検討

$W = 120.0\text{kN/m}$

底版の図心に対するモーメント

$$M_0 = P_A \cdot y - W \cdot \frac{b}{2}$$
$$= 67.2 \times 1.56 - 120.0 \times \frac{0.5}{2} = 74.8\text{kN} \cdot \text{m/m}$$

今，単位幅 $B = 1\text{m}$ について

面積 $A = 1 \times 2 = 2\text{m}^2$

偏心距離

$$e = \frac{M_0}{W} = \frac{74.8}{120.0} = 0.623\text{m}$$

$$\frac{e}{l} = 0.312 > \frac{1}{6} = 0.166$$

fig.6.07 より $\alpha = \dfrac{2}{3\left(\dfrac{1}{2} - \dfrac{e}{l}\right)} = \dfrac{2}{3\left(\dfrac{1}{2} - 0.312\right)} = 3.55$

$$\sigma_{max} = \alpha \cdot \frac{W}{A} = 3.55 \times \frac{120.0}{2} = 213\text{kN/m}^2$$

$\sigma_{max} < R_a = 250\text{kN/m}^2$　可

第7章 山留め工法

山留め計画

近接構造物への影響要因

山留め工事

山留めの設計

山留め壁の背面土圧

山留め壁の崩壊

山留め計画

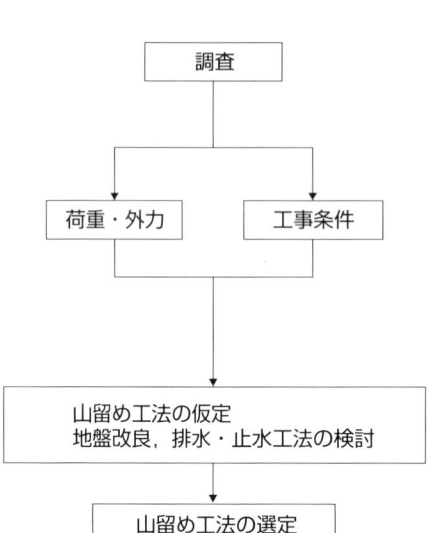

```
        ┌──────┐
        │ 調査 │
        └──┬───┘
           │
    ┌──────┴──────┐
    ▼             ▼
┌────────┐  ┌────────┐
│荷重・外力│  │工事条件│
└────┬───┘  └───┬────┘
     └─────┬────┘
           ▼
┌──────────────────────┐
│山留め工法の仮定       │
│地盤改良，排水・止水工法の検討│
└──────────┬───────────┘
           ▼
┌──────────────────┐
│ 山留め工法の選定 │
└──────────┬───────┘
           ▼
┌──────────────────┐
│山留め壁，支保工の計算│
│   強度・変形      │
└──────────┬───────┘
           ▼
┌──────────────────┐
│  部材の断面決定  │
└──────────┬───────┘
           ▼
┌──────────────────┐
│  計測計画の立案  │
└──────────┬───────┘
           ▼
┌──────────────────┐
│  施工図書作成    │
└──────────┬───────┘
           ▼
┌──────────────────┐
│     施工         │
└──────────────────┘
```

調査：
- 設計図書の確認
- 敷地内外，地盤，法的規制，気象上の調査

荷重・外力／工事条件：
- 地盤と地下水の条件
- 敷地および敷地周辺環境の条件
- 掘削，排水方法
- 公害規制および道路管理者からの指導事項
- 工期，工事費と安全性
- その他の特殊条件

山留め工法の仮定，地盤改良，排水・止水工法の検討：
- その他の特殊条件
- 根入れ抵抗，ヒービング，ボイリング，盤ぶくれ

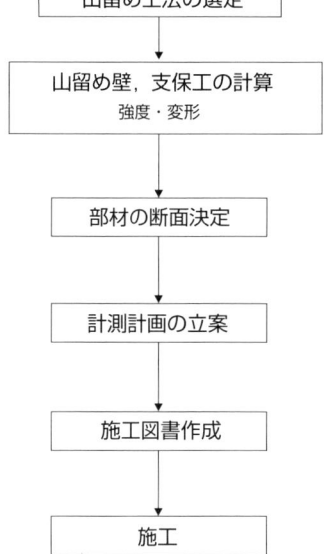

fig.7.01 山留め計画のフロー

fig.7.02 山留め工法の種類

方式	種別	工法
既製矢板方式	鋼製横矢板	親杭横矢板（H形，I形） トレンチシートパイル壁（軽量・簡易鋼矢板） 鋼矢板壁（U形・Z形・H形） 鋼管矢板壁
場所打ち方式	柱列山留め壁	場所打ちRC柱列山留め壁 既製コンクリート柱列山留め壁 鋼管柱列山留め壁 ソイルセメント柱列壁（撹拌系）
	連続地中壁	場所打ちRC連続壁 プレキャストコンクリート版連続壁（泥水固化系）

ONE POINT

根切りを伴う基礎ならびに地下構造物の設計に際し，山留めの側圧，根切り底面のヒービング，ボイリングおよび盤ぶくれなどに対する安全性を確認する。

近接構造物への影響要因

1. 周辺地盤・構造物への影響
1) 地盤沈下，地盤の水平変位
2) 地下水位の低下，井戸枯れ
3) 構造物の沈下
4) 構造物の傾斜

2. 周辺地盤・構造物への影響要因

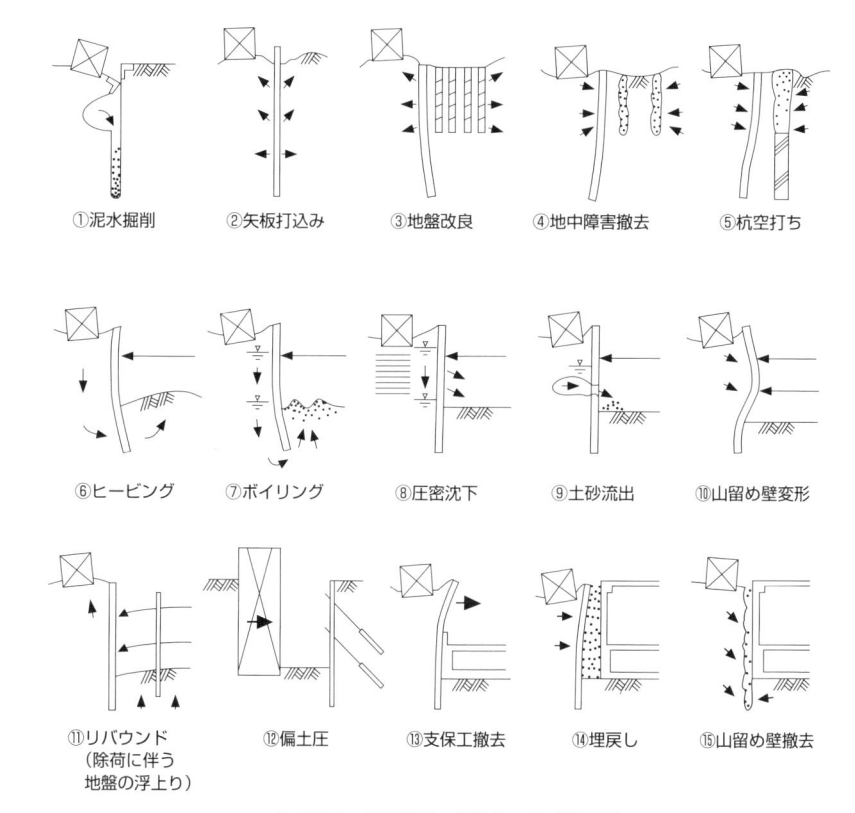

①泥水掘削　②矢板打込み　③地盤改良　④地中障害撤去　⑤杭空打ち

⑥ヒービング　⑦ボイリング　⑧圧密沈下　⑨土砂流出　⑩山留め壁変形

⑪リバウンド（除荷に伴う地盤の浮上り）　⑫偏土圧　⑬支保工撤去　⑭埋戻し　⑮山留め壁撤去

fig.7.03　周辺地盤・構造物への影響要因

ONE POINT

山留めについては外力（土圧）や計算方法に多くの仮定や不確定要素が含まれており，周辺の構造物や埋設管などの沈下などを測定し，特に施工時において事故の兆候を事前に発見し，補強などの処置を臨機に施すことが必要である。

山留め工事

山留め壁	支保工
・親杭横矢板 ・鋼矢板（シートパイル） ・ソイルセメント柱列壁 ・鉄筋コンクリート地中連続壁	・切ばり ・地盤アンカー ・逆打ち

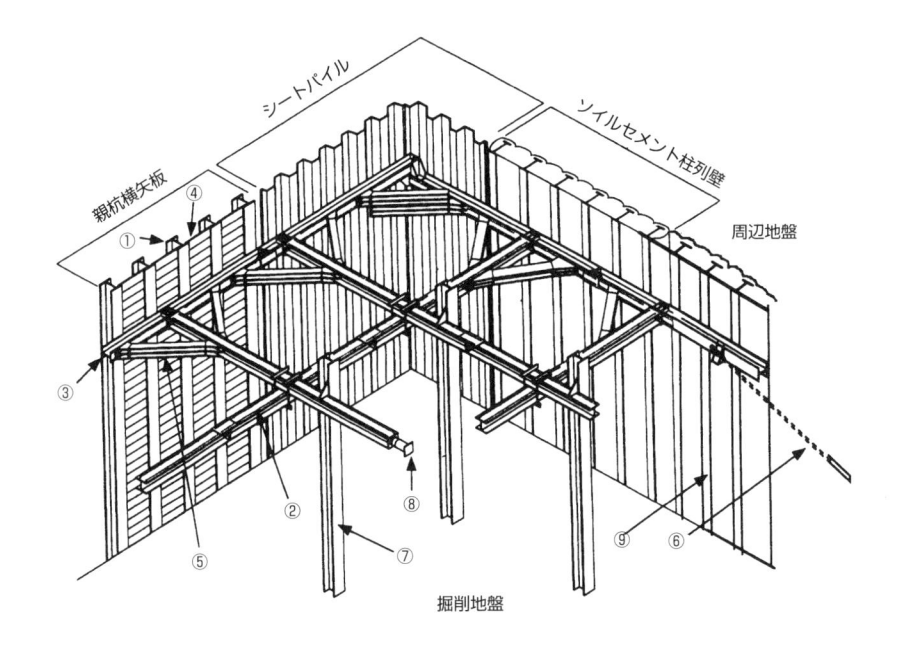

①親杭　　④横矢板　　⑦中間杭
②切ばり　⑤火打ち　　⑧ジャッキ
③腹起し　⑥地盤アンカー　⑨I型鋼

fig.7.04　山留め壁および支保工の構成と各部名称

ONE POINT

山留め壁は側圧に対して安全であるほか，有害な応力・変形が残らないような工法を選定する必要がある。

山留めの設計

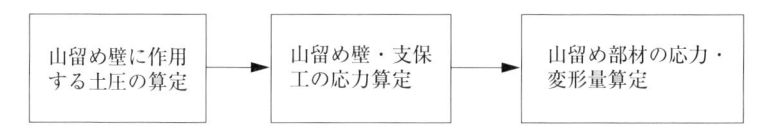

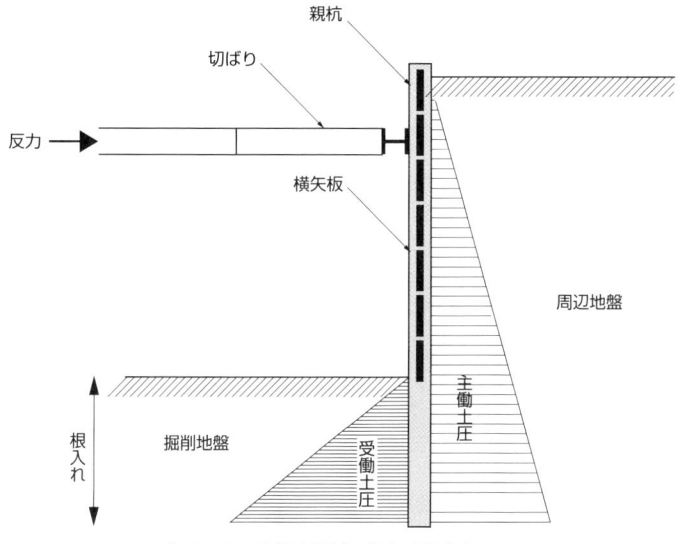

山留め壁に作用する土圧の算定 → 山留め壁・支保工の応力算定 → 山留め部材の応力・変形量算定

fig.7.05　山留め部材に発生する応力

1）必要な土の情報
・単位体積重量（γ_t），内部摩擦角（ϕ），粘着力（c）
2）山留め部材に発生する応力
・親　杭：土圧，切ばり反力による曲げモーメント，せん断力
　　　　　自重による圧縮力
・横矢板：土圧による曲げモーメント，せん断力
・切ばり：土圧，切ばり反力による圧縮力，自重による曲げモーメント
・腹起し：土圧，切ばり反力による曲げモーメント，せん断力

ONE POINT

根切りに伴って山留め壁の剛性が低下し，周辺地盤の沈下・変形が生じるので，設計時には施工中の側圧を適切に設定すること，応力計算には実際の施工過程が反映できること，断面算定時に計算断面応力を割り増しておくことなどが重要である。

山留め壁の背面土圧

1) 砂地盤中の山留め壁の背面土圧は台形分布と仮定する

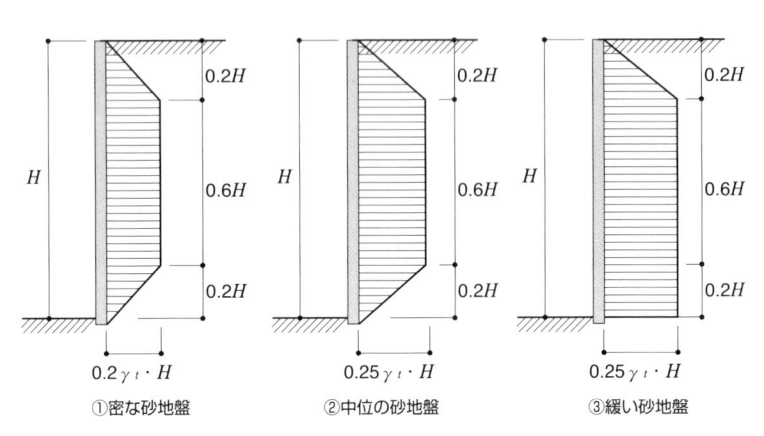

①密な砂地盤　　0.2H / 0.6H / 0.2H　　$0.2\gamma_t \cdot H$
②中位の砂地盤　0.2H / 0.6H / 0.2H　　$0.25\gamma_t \cdot H$
③緩い砂地盤　　0.2H / 0.6H / 0.2H　　$0.25\gamma_t \cdot H$

fig.7.06　砂地盤中の山留め壁

2) 粘土地盤中の山留め壁の背面土圧は三角形分布と仮定する

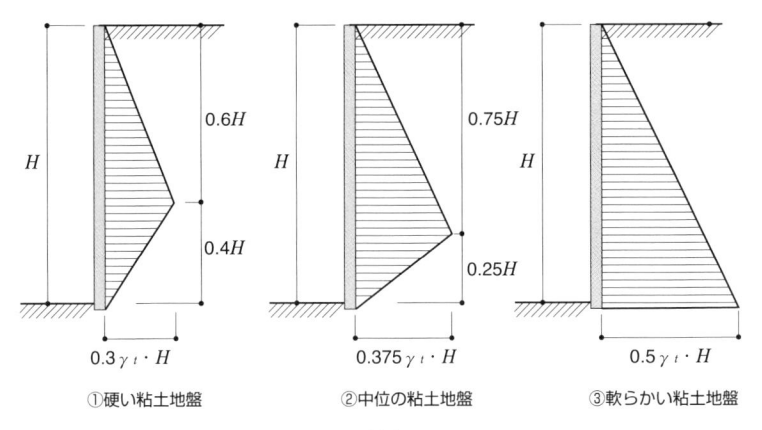

①硬い粘土地盤　　0.6H / 0.4H　　$0.3\gamma_t \cdot H$
②中位の粘土地盤　0.75H / 0.25H　　$0.375\gamma_t \cdot H$
③軟らかい粘土地盤　　　　　　　$0.5\gamma_t \cdot H$

fig.7.07　粘土地盤中の山留め壁

ONE POINT

土圧分布の形状はチェボタリオフの実験で求めたもので，日本建築学会「建築基礎構造設計基準・同解説」（現在は「建築基礎構造設計指針」）第48条に「山留め壁に作用する土圧」として明記されている。

山留め壁の崩壊

1. ヒービング
周辺地盤の土の重さWが土のせん断抵抗Rを上回ることによって、山留め壁近傍地盤がすべり破壊を起こす現象。

↓ 防止方法

・山留め壁根入れ長さの増加
・地盤の強化（地盤改良）

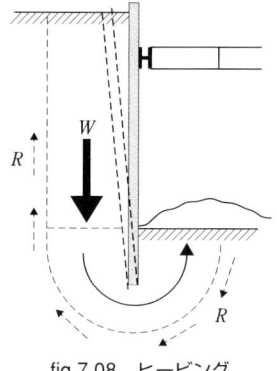

fig.7.08　ヒービング

2. ボイリング
山留め壁内外地盤の地下水位差が大きい砂地盤において、山留め壁外側より内側に水が回り込むことにより内側の水圧uが上昇し（せん断強度が低下）、土砂と砂が噴き出す現象。

↓ 防止方法

・山留め壁根入れ長さの増加
・外側地盤の水位低下

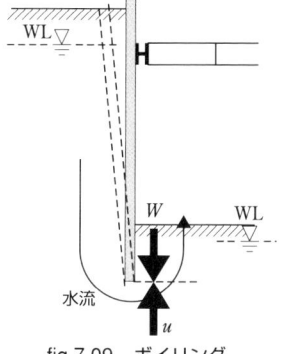

fig.7.09　ボイリング

3. 盤ぶくれ
地下水位が高く、山留め壁内部の地盤が上部粘性土層、下部が砂またはレキ層で構成され、砂層の水圧uがその上部の土の重量Wを上回ることにより、地盤が浮き上がる現象。

↓ 防止方法

・山留め壁根入れ長さの増加
・揚水による水圧低下

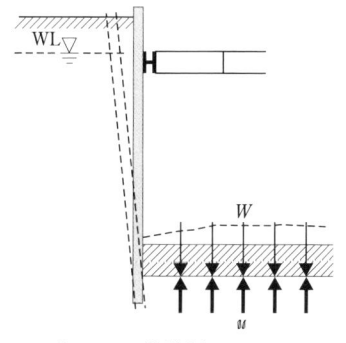

fig.7.10　盤ぶくれ

第8章 地盤改良

地盤改良の原理

地盤改良工法の種類と目的

締固め工法の種類(1)

締固め工法の種類(2)

固化工法の種類(1)

固化工法の種類(2)

サンドコンパクションの設計

サンドコンパクションの施工管理

ソイルセメントコラムの設計

ソイルセメントコラムの施工管理

地盤改良の原理

1. 締固め工法系
① 砂または砕石の杭を造成する。
② 圧入と振動・衝撃により杭間地盤が締め固まる。

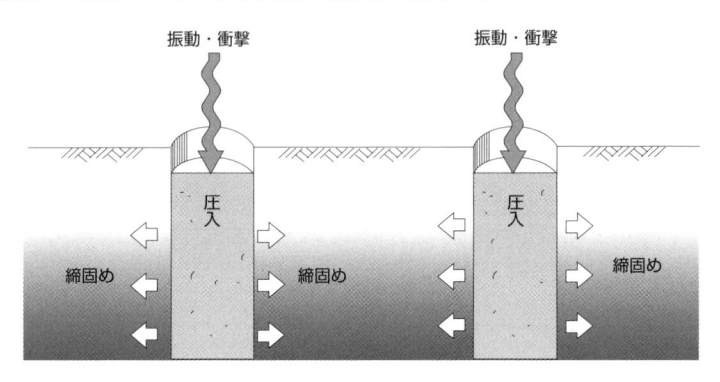

fig.8.01　軟弱地盤の締固め

2. 固化工法系
① 原土にセメント系固化材と水を混合し，化学反応にて固化する。
② 建物下に杭状またはブロック状の固化体を設ける。
③ 有機物の含有量が非常に多い地盤では化学反応が阻害されるため，注意が必要である。

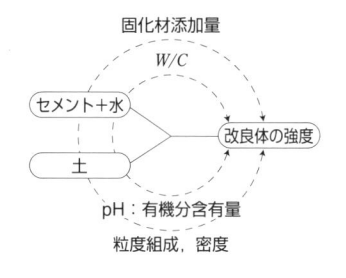

fig.8.02　改良体の強度に及ぼす影響要因

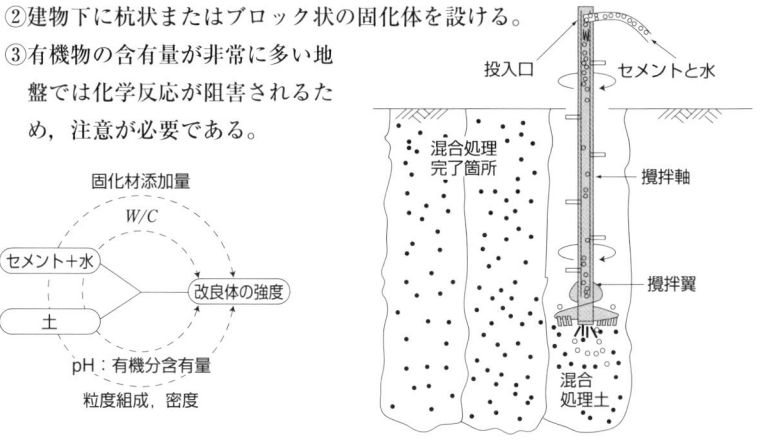

fig.8.03　固化工法の仕組み

ONE POINT
建築で用いられている地盤改良工法は主として締固め工法と固化工法であり，液状化対策や地耐力増大を目的として実施される。締固め工法系は敷地全体の地盤の改良に重きを置いているのに対し，固化工法系は建物直下の地盤の補強に重きを置いている。

地盤改良工法の種類と目的

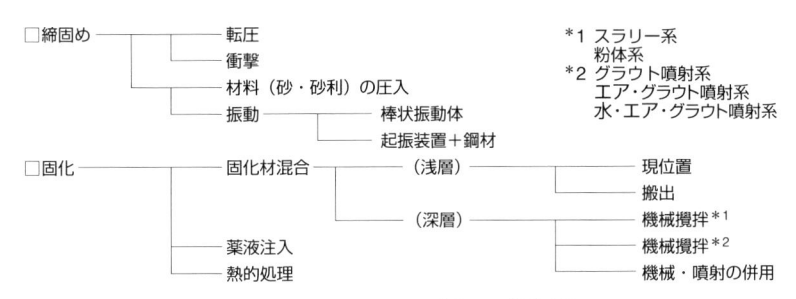

```
□締固め ─┬─ 転圧
         ├─ 衝撃
         ├─ 材料(砂・砂利)の圧入
         └─ 振動 ─┬─ 棒状振動体
                  └─ 起振装置+鋼材

□固化 ─┬─ 固化材混合 ─┬─ (浅層) ─┬─ 現位置
        │               │           └─ 搬出
        │               └─ (深層) ─┬─ 機械攪拌 *1
        │                           ├─ 機械攪拌 *2
        │                           └─ 機械・噴射の併用
        ├─ 薬液注入
        └─ 熱的処理
```

*1 スラリー系
　　粉体系
*2 グラウト噴射系
　　エア・グラウト噴射系
　　水・エア・グラウト噴射系

fig.8.04　改良原理による分類と具体的方法

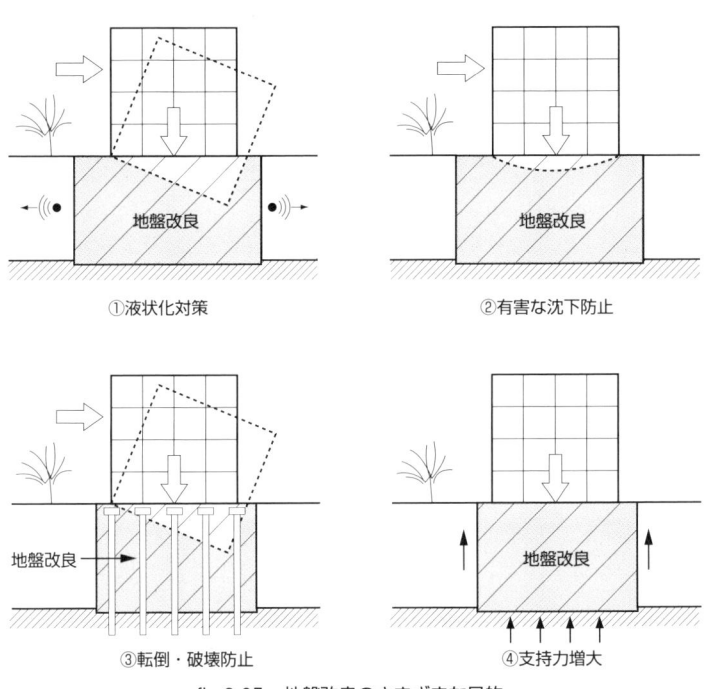

①液状化対策　　②有害な沈下防止
③転倒・破壊防止　　④支持力増大

fig.8.05　地盤改良のさまざまな目的

ONE POINT

地盤改良は土木工学の分野では古くから用いられてきたが，建築の分野では比較的新しい工法とみなされている。今後は設計法や品質管理法の充実とともに，適用範囲がますます広がっていくことが期待されている。

締固め工法の種類 (1)

1. サンドコンパクションパイル工法

振動機を取り付けたケーシング（鋼管）を所定の深さまで貫入させ，ケーシングを通じて砂杭などを造成する工法である。

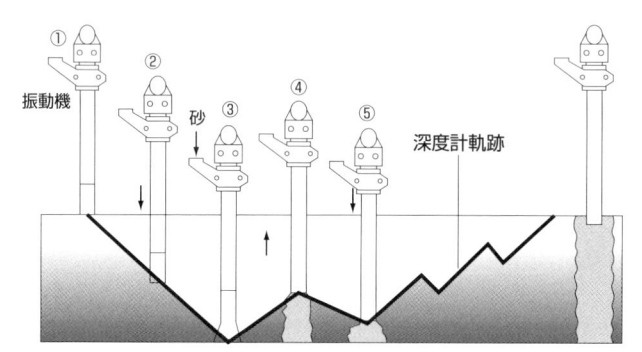

fig.8.06　サンドコンパクションパイル工法の施工順序

2. バイブロフローテーション工法

バイブロフロットと呼ばれる振動体を，ウォータージェット（高圧水洗）を通じて地中に貫入させ，その周囲に砕石を充填し振動を加え，密度を高める工法である。

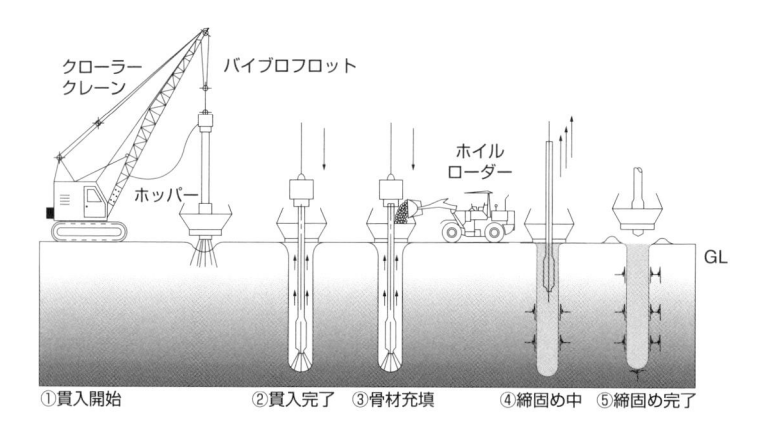

fig.8.07　バイブロフローテーション工法の施工順序

締固め工法の種類（2）

3. 重錘落下締固め工法

　重錘を高所より繰返し落下させ，衝撃を加えることにより地盤を締め固める工法である。

　20～12tハンマー落下高20～25m

①位置決め　②施工　③計測　④埋戻し　⑤測量

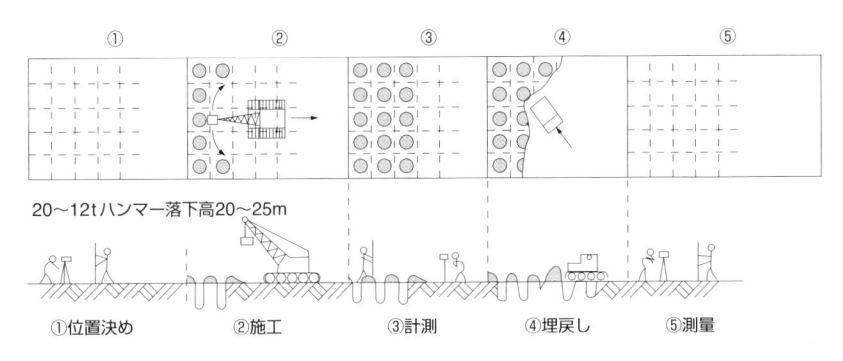

　　　fig.8.08　重錘落下締固め工法の施工順序

4. バイブロタンパー工法

　クレーンで吊ったバイブロハンマーとタンパーにより，地表層に振動と衝撃を加えて締め固める工法である。

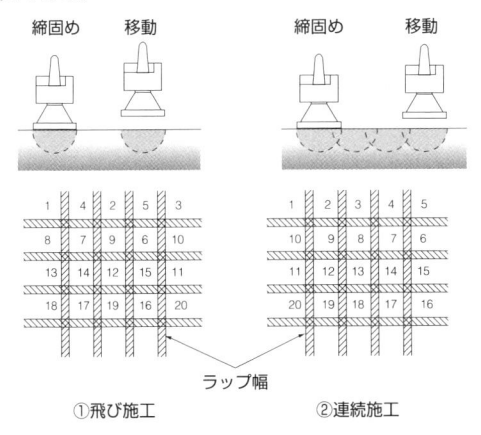

締固め　移動　　　締固め　移動

①飛び施工　　　　②連続施工

ラップ幅

　　　fig.8.09　バイブロタンパー工法の施工順序

ONE POINT

建築の分野で最も多く用いられる締固め工法は，サンドコンパクションパイル工法である。

固化工法の種類（1）

1. 深層混合処理工法（機械撹拌の1例）

セメント系固化材と水（スラリー状）を地盤中に注入し、撹拌翼で混合して固化体を築造する工法である。

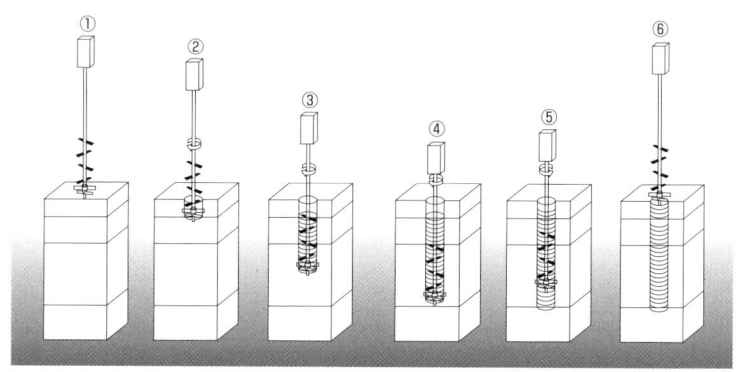

①位置決め　②掘削　③スラリーを注入しながら掘削混合撹拌　④掘削・混合撹拌完了
⑤引上げ混合撹拌　⑥建造完了

fig.8.10　深層混合処理工法（機械撹拌）の施工順序

2. 深層混合処理工法（噴射撹拌の1例）

高圧水あるいは高圧空気を噴射して、スラリー状の固化材と原土を撹拌・混合する工法である。

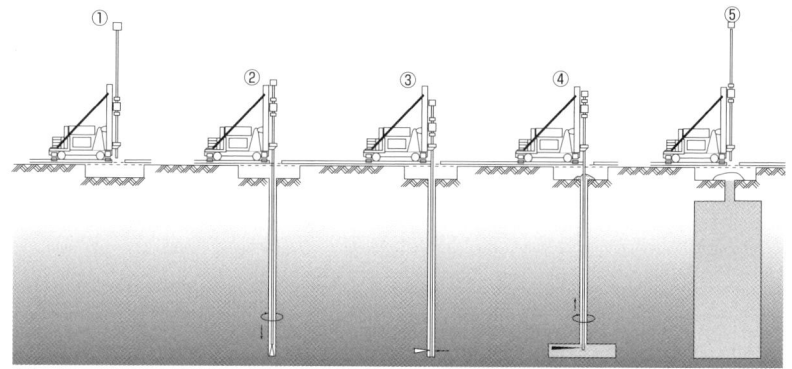

①位置決め　②掘削　③圧縮空気により超高圧硬化剤を噴射　④撹拌・混合　⑤建造完了

fig.8.11　深層混合処理工法（噴射撹拌）の施工順序

固化工法の種類 (2)

3. 浅層混合処理工法

深さ2m以浅の軟弱土を対象に，地上にて固化材と土を混合してから埋め戻して転圧を加える，版状の地盤改良工法である。

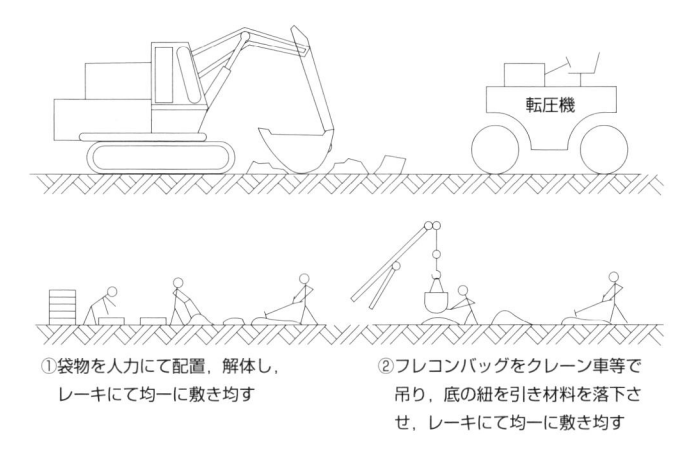

①袋物を人力にて配置，解体し，レーキにて均一に敷き均す

②フレコンバッグをクレーン車等で吊り，底の紐を引き材料を落下させ，レーキにて均一に敷き均す

fig.8.12　浅層混合処理工法の施工順序

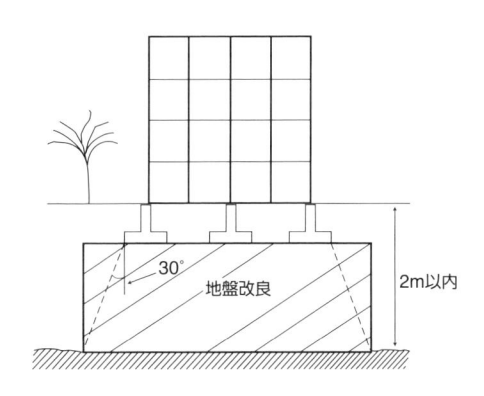

30°
地盤改良
2m以内

fig.8.13　浅層混合処理工法の実用例

ONE POINT

建築の分野で最も多く用いられる固化工法は，深層混合処理工法（機械攪拌）である。この工法によって築造される改良体を一般に柱状改良あるいはソイルセメントコラムと呼んでいる。

サンドコンパクションの設計

1）改良目標N値の設定

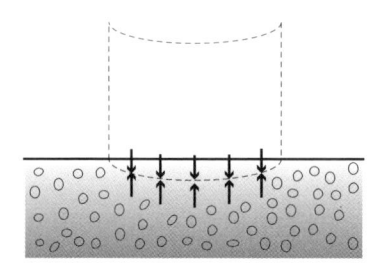

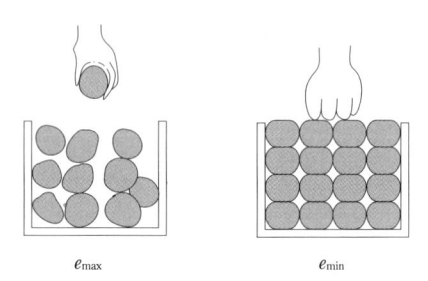

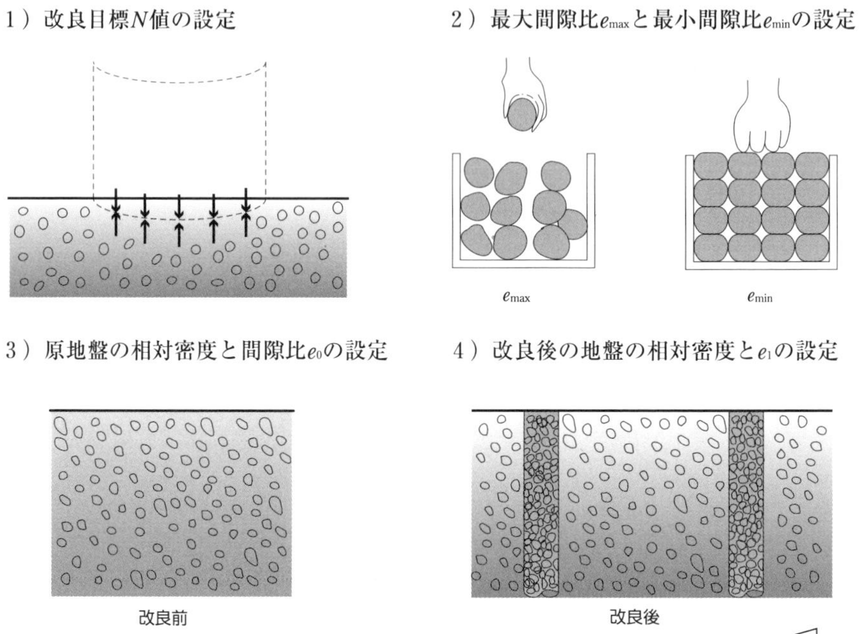

2）最大間隙比e_{max}と最小間隙比e_{min}の設定

e_{max}　　　e_{min}

3）原地盤の相対密度と間隙比e_0の設定

4）改良後の地盤の相対密度とe_1の設定

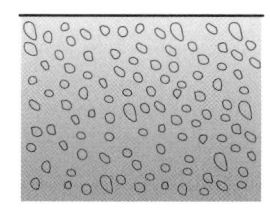

改良前　　　　改良後

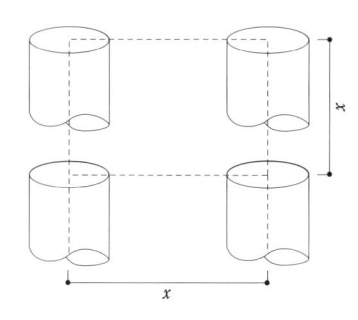

5）改良ピッチの決定

KP＋7.0m
▽＋2.0
埋立土層
サンドコンパクション
－0.6
15.0m
埋立土層
－18.0
10.0m
沖積粘土層
－33.0
15.0m
建屋

fig.8.14　サンドコンパクションの設計順序

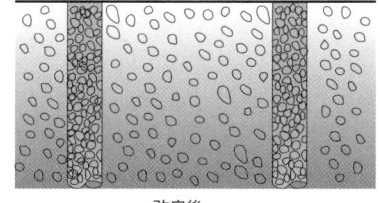

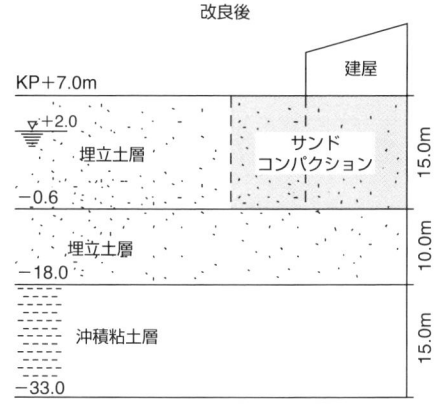

fig.8.15　サンドコンパクション工法の適用例

ONE POINT

締固め工法は主として液状化対策工として用いられているが，建築基礎地盤としての有効性も認められつつある。e_{max}とe_{min}の大きさは粒径や粒度特性によって変わる。細粒分（粒径0.075mm以下）含有量をもとに経験式で算定する。

サンドコンパクションの施工管理

1. 施工管理項目

fig.8.16　サンドコンパクション工法の施工管理項目

時期	管理項目	管理方法	管理基準項目
施工前	・施工管理計器のチェック ・施工機械のチェック	・粒度試験	・使用材料の規定
施工中	・施工位置の確認 ・施工深度の確認 ・各深度ごとの砂量の確認 ・使用材料の品質	・測量 ・目杭で表示 ・自動記録計（GL計）による施工深度の管理 ・自動記録計（SL計）による砂量の管理 ・粒度試験 ・体積変化率の測定	・施工位置のずれ ・施工深度 ・深度ごとの砂量 ・使用材料の規定 ・使用材料の割増率
施工後	・改良効果の確認 　(砂杭間強度 　　砂杭強度)	・標準貫入試験 ・粒度試験 ・PS検層 ・水平孔内載荷試験 ・平板載荷試験	・改良目標強度の規定

2. 改良前後の N 値の調査結果

fig.8.17　改良前後の N 値
○：改良前　●：改良後

3. PS検層

ボーリング孔を利用し，地盤内を伝搬する弾性波（P波およびS波）の速度を測定し，改良効果を確認する。

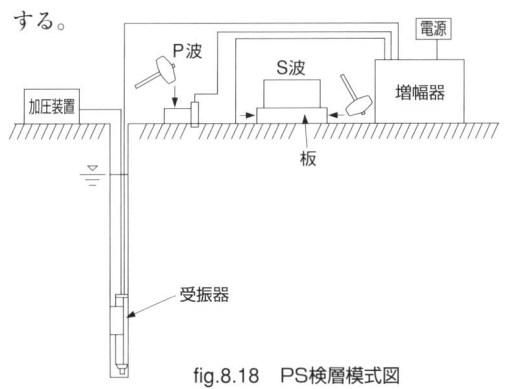

fig.8.18　PS検層模式図

ONE POINT

改良効果の確認は，一般にPS検層よりも標準貫入試験の N 値の大きさに基づいて行われることが多い。

ソイルセメントコラムの設計

1) 室内配合供試体の設計基準強度 F_c より許容応力度を決定する

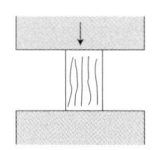

2) コラム内頭部の応力度 q_c，底面の荷重度 q_e の算出
   → $q_c \leqq$ 許容圧縮応力度

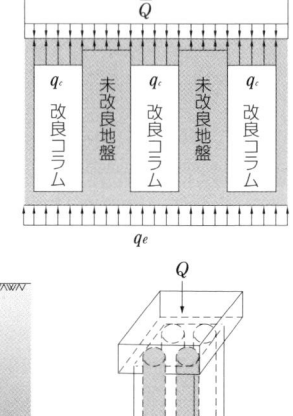

3) 改良地盤底面の許容支持力度 q_a の算出
   → $q_e \leqq q_a$

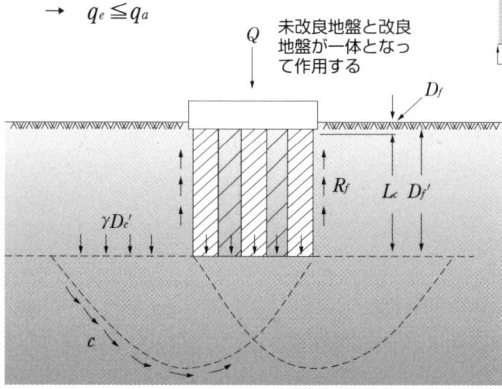

未改良地盤と改良地盤が一体となって作用する

4) 基礎スラブ底面における地震時水平力 $_FQ_D$ を算出し，$_FQ_D$ よりせん断応力度 τ を算出
   → $_FQ_D = (Q_1 + k \cdot W_f) - Q_p$
   $\tau \leqq$ 許容せん断応力度

地上部分1階における層せん断力 Q_1
地中部分
Q_p, W_f, $Q_f = k \cdot W_f$
$_FQ_D$

改良コラムの設計基準強度 F_c は，現場施工試験，室内配合試験，既往データより求める方法がある。いずれの方法を採用するにしても，強度上のバラツキを十分見込んでおく必要がある。

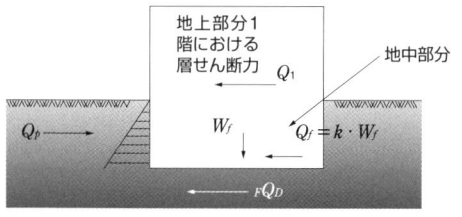

fig.8.19　ソイルセメントコラムの設計順序

ONE POINT
設計は基本的には，発生応力に対する許容応力度の比較で安全性をチェックする。

ソイルセメントコラムの施工管理

1. コアの採取
2. 衝撃加速度試験
　加速度センサーを内蔵した重りを一定高さから落とし，その衝撃時の加速度の大きさからコラム強度を推定する。
3. IT試験
　コラム頭部をハンマーで打撃することにより，弾性波の伝播速度から断面の変化や欠損を調べる方法。

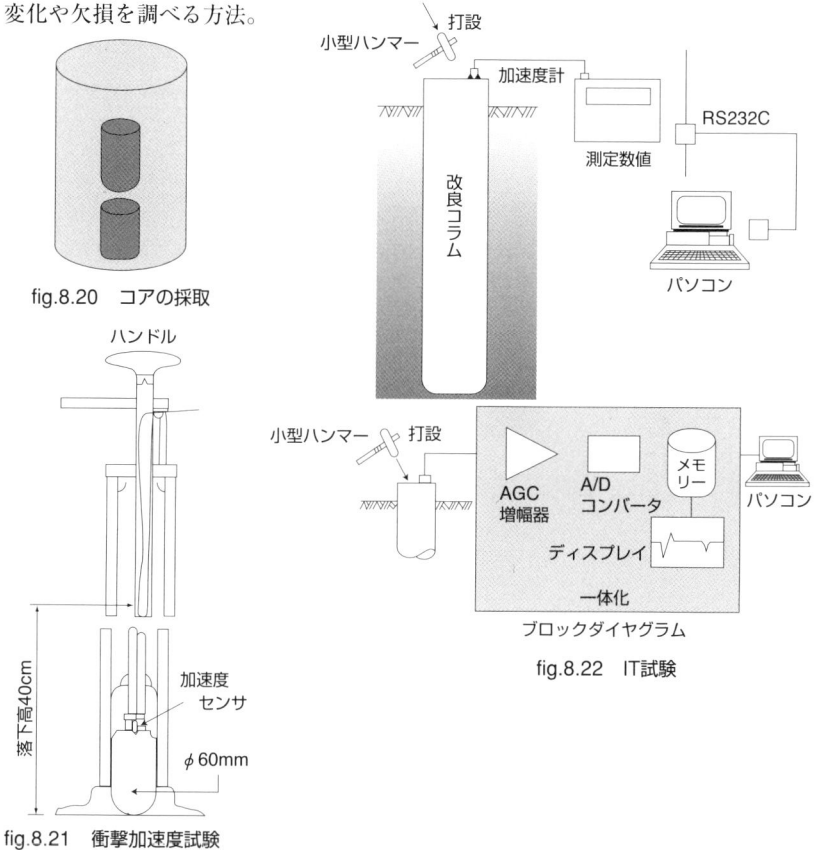

fig.8.20　コアの採取

fig.8.21　衝撃加速度試験

fig.8.22　IT試験

ONE POINT

ソイルセメントコラムの品質管理は，基本的には採取したコアの一軸圧縮試験によって行われているが，固化しない状態下で品質を評価できる検査法もある。複数の方法で品質管理を行うことが望ましい。

使用するSI単位

	量	使用できる範囲	単位の変換	使用例
	密度	t/m^3, g/cm^3		
	単位体積重量	N/m^3, kN/m^3	$1gf/cm^3 = 1tf/m^3$ $= 9.81kN/m^3$	$\gamma = 1.8tf/m^3 = 18kN/m^3$ $\gamma = 1.80tf/m^3 = 17.6kN/m^3$
土質定数	強度、粘着力、ヤング率 圧密降伏応力、地中応力、 せん断弾性係数、有効土 かぶり圧、許容支持力度	N/m^2, kN/m^2 MN/m^2	$1kgf/cm^2 = 98.1kN/m^2$ $1tf/m^2 = 9.81kN/m^2$	$q_u = 2.0kgf/cm^2 = 200kN/m^2$ $E = 155kgf/cm^2 = 15.2MN/m^2$ $p_o = 8.0tf/m^2 = 78kN/m^2$ $p_a = 8tf/m^2 = 80kN/m^2$
	体積圧縮係数	m^2/N, m^2/kN m^2/MN	$1cm^2/kgf = 10.2m^2/MN$	$1.5 \times 10^{-2}cm^2/kgf = 1.5 \times 10^{-1}m^2/MN$
	内部摩擦角	°		
	地盤反力係数	N/m^3, kN/m^3 MN/m^3	$1kgf/cm^3 = 9.81MN/m^3$ $1kgf/cm^3 = (9.81 \times 10^3) kN/m^3$	$1.0kgf/cm^3 = 9.8MN/m^3$ $= (9.8 \times 10^3) kN/m^3$ $1.55kgf/cm^3 = 15.2MN/m^3$ $= (15.2 \times 10^3) kN/m^3$
外力	力、重量、荷重	N, kN, MN	$1kgf = 9.81N$ $1tf = 9.81kN = (9.81 \times 10^{-3}) MN$	$185kgf = 1.81kN$ $2,550tf = 25.0MN$
	土圧、水圧、接地圧 荷重度	N/m^2, kN/m^2 MN/m^2	$1kgf/cm^2 = 98.1kN/m^2$ $1tf/m^2 = 9.81kN/m^2$	$1.55kgf/cm^2 = 152kN/m^2$ $3.5tf/m^2 = 34kN/m^2$
	モーメント	$N \cdot m$, $kN \cdot m$ $MN \cdot m$	$1kgf \cdot cm = 9.81 \times 10^{-2}N \cdot m$ $1tf \cdot m = 9.81kN \cdot m$	$1.0kgf \cdot cm = 9.8 \times 10^{-2}N \cdot m$ $165tf \cdot m = 1.62MN \cdot m$
その他	質量	kg, t, g, Mg		
	長さ	m, mm, cm, km		
	加速度	Gal		

変換しなければならない式

変換しなければならない式

量	旧式	新式	
N値よりヤング率の推定式	$E = 7N$ (kgf/cm²)	$E = 700N$ (kN/m²)	
N値より摩擦応力度の推定式（砂質土）	$\tau = N/3$ (tf/m²)	$\tau = 3N$ (kN/m²)	
E, Bよりk_hの計算式	$k_h = 0.8 \cdot E \cdot B^{-3/4}$ (kgf/cm³)	$k_h = 2.5 \cdot E \cdot B^{-3/4}$ (kN/m³)	
改良体の先端支持力式（砂質土）	$R_p = \alpha \cdot 15 N \cdot A_p + \phi \Sigma (\tau_1 \cdot h_1)$ (tf)	$R_p = \alpha \cdot 150 N \cdot A_p + \phi \Sigma (\tau_1 \cdot h_1)$ (kN)	
一軸圧縮強さと深さの関係式	$q_u = 2 + 0.4z$ (tf/cm²)	$q_u = 20 + 4z$ (kN/m²)	
βの計算式	$\beta = \sqrt[4]{\dfrac{k_h \cdot B}{4 \cdot E_o \cdot I}}$ (cm⁻¹)	$\beta = \sqrt[4]{\dfrac{k_h \cdot B}{4 \cdot E_o \cdot I}}$ (m⁻¹)	*
$M_{\max}$, M_oの計算式	$M_{\max} = -0.104 H/\beta$ (tf·m) $M_o = H/2\beta$ (tf·m)	$M_{\max} = -0.104 H/\beta$ (kN·m) $M_o = H/2\beta$ (kN·m)	*
k_hの計算式	$k_h = k_{ho} \cdot y^{-1/2}$ (kgf/cm³)	$k_h = 10^{-1} \cdot k_{ho} \cdot y^{-1/2}$ (kN/m³)	*
杭頭水平変位 y_o の計算式	$y_o = \dfrac{H \cdot \beta}{k_h \cdot B}$ (cm)	$y_o = \dfrac{H \cdot \beta}{k_h \cdot B}$ (m)	*
地表から中立点までの距離 L_m の計算式	$\pi/2\beta$ (cm)	$\pi/2\beta$ (m)	*

・SI変換前後の有効桁数は同一とする

17kgf = 0.17kN, 17.0kgf = 0.167kN
1tf/m² = 10kN/m², 1.0tf/m² = 9.8kN/m²
$E_S = 7$N (kgf/cm²) → $E_S = 700$N (kN/m²)
$E_S = 28$N (kgf/cm²) → $E_S = 2.7$N (MN/m²)

＊式中のファクターはSI単位に換算したものを用いる

各土質定数関係式

各土質定数関係式

N値と一軸圧縮強さの関係	$q_u ≒ 12.5N$	(シルト質粘土)
	$q_u = 2.5N$	(沖積粘土)
	$q_u = 100N/A$ ($A = 5〜6$)	(洪積粘土)
	$q_u = 40 + 5N$	(粘性土)
N値とW_{sw},N_{sw}の関係	$N = N_{sw}/12$, $N = 3 + 0.05N_{sw}$	
一軸圧縮強さとW_{sw},N_{sw}の関係	$q_u = 0.045W_{sw} + 0.75N_{sw}$	
一軸圧縮強さとCBRの関係	$q_u = 22.5\text{CBR}$	
変形係数と一軸圧縮強さの関係	$E = 189q_u$ ($q_u < 7{,}000\text{kN/m}^2$)	
	$E = 136q_u$ ($q_u < 5{,}000\text{kN/m}^2$)	
	$E = 125q_u$ ($q_u < 100\text{kN/m}^2$)	
変形係数と粘着力の関係	$E_{so} = 210c$ (粘土)	
N値とコーン指数の関係	1) $q_{dc} = 400N$	砂質土,レキ質土
	2) $q_{dc} = 300N$	関東ローム
	3) $q_{dc} = 200N$	軟弱粘土
N値とk_{so}値の関係	1) $k_{so} = (1.54 \times 10^4)N^{0.630}$	粘性土 ($N < 15$)
	2) $k_{so} = (2.44 \times 10^4)N^{0.607}$	ローム ($N < 8$)
	3) $k_{so} = (3.01 \times 10^4)N^{0.582}$	砂レキ土 ($N < 6$)

記号　c　：粘着力 (kN/m²)
　　　ϕ　：内部摩擦角 (度)
　　　q_u　：一軸圧縮強さ (kN/m²)
　　　q_c　：コーン支持力 (kN/m²)
　　　W_{sw}：スウェーデン式サウンディングの際に載荷した荷重 (N)
　　　N_{sw}：スウェーデン式サウンディングの際に100kgf載荷し,1m当たりの
　　　　　　貫入に要する半回転数
　　　N　：N値
　　　q_u　：一軸圧縮強度 (kN/m²)
　　　E　：変形係数 (kN/m²)
　　　E_{so}：一軸圧縮試験から求めた変形係数 (kN/m²)
　　　q_{dc}：ダッチコーンのコーン指数 (kN/m²)
　　　k_{so}：平板載荷試験値による地盤反力係数 (kN/m³)

支持力公式

粘土地盤の支持力公式

基礎形状	極限支持力	提案者
連続	$q_d = (\pi + 2) \times c$　$q_d = 5.3 \times c$	Prandtl, Terzaghi
連続	$q_d = 6.28 \times c$	Tsitowitsch
連続	$q_d = 8.3 \times c$	Meyerhof
円形	$q_d = 5.68 \times c$	Ishlinsky, Berezantzev
正方形	$q_d = 5.71 \times c$	Berezantzev, Shield
長方形	$q_d = (0.81 + 0.16 B/L) \times c \cdot N_c$	Skempton
長方形	$B/L < 0.53$ のとき $q_d = (5.14 + 0.66 B/L) \times c$ $B/L > 0.53$ のとき $q_d = (5.24 + 0.47 B/L) \times c$	Shield

B：長方形の短辺長, L：長方形の長辺長, c：粘着力

N 値と地盤支持力の概略値

直接基礎の長期許容支持力

砂地盤（地下水位より上）	$q_a = 100N(B + D_f)$	
砂地盤（地下水位より下）	$q_a = 50N(B + D_f)$	
粘土地盤	$q_a = 12N$	
ローム地盤	$q_a = 30N$	

q_a：許容支持力 (kN/m^2)
N：N 値
B：基礎幅 (m)
D_f：基礎根入れ深さ (m)

杭の長期許容支持力（砂地盤の先端許容支持力）

打込み杭	$Q_a = \dfrac{300}{3} NA_p = 785ND^2$
埋込み杭	$Q_a = \dfrac{200}{3} NA_p = 52.3ND^2$
場所打ち杭	$Q_a = \dfrac{150}{3} NA_p = 39.3ND^2$

Q_a：許容支持力 (kN/本)
N：杭先端地盤の平均N値
A_p：杭断面積 (m^2)
D：杭直径 (m^2)

演習問題（1）

第2章 土の基礎知識

1. 土の分類は通常（　　）やコンシステンシー（流動性）を基準として行う。
2. 砂質土は粘性土より透水性が（　　）い。
3. 砂質土は粘性土より間隙比が（　　）い。
4. 砂質土は粘性土より単位体積重量が（　　）い。
5. （　　）は含水比によって性質が大きく変化する。
6. （　　）は拘束圧に比例して強度が（　　）する。
7. 土は土粒子と（　　）によって構成され，（　　）が完全に水で満たされている土を（　　）土と呼ぶ。
8. （　　）地盤で掘削・山留め工事を行う場合，止水対策が十分でないと，揚水量が多く，（　　）の低下が遠方まで及ぶ。
9. 地盤中の有効応力は（　　）から間隙水圧を差し引いて求める。
10. 地下水位が低下すると鉛直有効応力が（　　）し，粘性土地盤では（　　）現象を起こす可能性がある。
11. （　　）土は有効拘束圧と（　　）が大きいと，せん断強度が増加する。
12. 粘性土のせん断強度は（　　）とほぼ等しい。
13. 土のせん断強度 τ_{max} の一般式を示せ。τ_{max} =（　　 + 　　）
14. 土のせん断強度は一般に（　　）試験によって求める。
15. 粘性土のせん断強度は（　　）試験によって求めることができる。
16. 拘束圧を変化させた複数個の土に対して，（　　）試験を実施し，（　　）を描くと，土の粘着力と（　　）を求めることができる。
17. 飽和状態の単位体積重量 γ_t が18kN/m³である地盤の深さ10mにおける全鉛直応力 σ_v と有効鉛直応力 σ'_v を求めよ。ただし，地下水位はGL − 5mとする。σ_v =（　　），σ'_v =（　　）
18. 圧密現象は（　　）が大きく，（　　）が低い粘性土が，周辺からの大きい圧力により，間隙水が長時間かけて絞り出される現象である。
19. 圧密試験を実施すると，土の圧密特性を表す（　　）応力と（　　）を求めることができる。
20. 圧密降伏応力と有効鉛直応力が等しい地盤を（　　）圧密地盤と呼ぶ。
21. 埋立て直後の粘性土地盤は（　　）状態にあり，大きな圧密沈下を発生するので，基礎の計画には注意を要する。
22. 液状化とは，大地震の際に，（　　）が高く，ゆるい（　　）地盤において，（　　）が上昇して有効応力が低下し，その結果（　　）強度を失い，液体のようになる現象である。

演習問題 (2)

23. 液状化を起こしやすい地盤条件を4つ挙げよ。
    1)　　　　　2)　　　　　3)　　　　　4)
24. 液状化を発生した地盤では，地震後に（　）を起こし，地表面に噴砂口が確認されることが多い。
25. 液状化を発生すると，地盤は（　）と水平支持力を失い，構造物に大きな被害を及ぼす。
26. 液状化を防止する方法を4つ挙げよ。
    （　）工法　　（　）工法　　（　）工法　　（　）工法
27. 土がゆるむ方向に変形する限界を（　）土圧，土が押される方向で変形する限界を（　）土圧，土が動けない状態の土圧を（　）土圧とよぶ。
28. 土圧の大きさは，一般に（　）土圧＞（　）土圧＞（　）土圧。
29. （　）角 ϕ の増加とともに，（　）係数 K_A と（　）係数 K_0 は減少し，（　）係数 K_p は増加する。
30. K_A, K_0, K_p を ϕ を用いて式で表現せよ。
    $K_A =$ 　　　, $K_0 =$ 　　　, $K_p =$

第3章　地盤調査

31. ボーリング調査の目的には，（　）の調査，地盤中での加力試験（　）および室内土質試験用の土の採取（　）の3種類がある。
32. サウンディングの最も一般的な試験は（　）試験であり，土の硬軟や締り度合いを判別するための（　）と土の（　）や地層構成を求めるために実施される。
33. （　）は，63.5kgのハンマーを（　）cmの高さから落下させ，ロッドが（　）貫入するのに叩いた回数を表す。
34. 標準貫入試験によって調査した（　）と（　）を柱状に表した地層断面図を（　）と呼ぶ。
35. 砂質土の内部摩擦角 ϕ は N 値を用いて，$\phi =$ （　）により推定することができる。
36. 杭の先端支持力 R_p は，N 値を用いて，$R_p = \alpha \cdot$ （　）により推定することができる。
37. 粘性土の N 値と（　）の間に $q_u = 40 + 5N$ (kN/m^2) の関係がある。
38. 戸建住宅の地盤調査には通常（　）試験が行われる。
39. N_{sw} は，重さ（　）kgのおもりが（　）cm貫入するのに要した半回転数を，貫入量（　）当たりに換算して表示した値である。
40. （　）試験は，ボーリング孔壁面を（　）方向に加力して，その時の圧力と変位の関係より地盤の（　）や降伏圧力を求める試験である。

演習問題 (3)

第4章　地盤と地震

41. 地盤の地震時における作用には，地震動の（　　・　　）作用と地盤と建物との（　　）作用がある。
42. 地盤種別は，地層構成または地盤周期により（　　）種に分類される。第（　　）種が堅固な地盤，第（　　）種が軟弱地盤にあたる。
43. 地盤での地震動の強さ（加速度）は，一般に（　　）に近いほど強いが，土が（　　）するような強い揺れでは逆転することもある。
44. 成層地盤中での地震波の増幅は（　　）理論で説明され，いくつかの（　　）でピークを有する。
45. 地盤の（　　）速度は，地盤中を伝わる（　　）の速度で，硬い地盤ほど値が（　　）。
46. 地盤の（　　）周期は，その地盤の揺れやすい周期を示し，1次（　　）周期は，せん断波速度 V_S と地層厚 H とから，$T =$（　　/　　）で表される。
47. 地盤のモード減衰定数は低次で（　　）高次で（　　）なる性質がある。
48. 地盤の振動解析モデルには，（　　）モデル，（　　）モデル，（　　）モデルなどがある。
49. 土はひずみが大きくなると（　　）が低下し，（　　）が大きくなる。
50. 構造物と地盤の相互作用には（　　）力による相互作用と（　　）拘束効果とがある。
51. 相互作用の効果としては以下の四つがある。
    - （　　）が延びる
    - （　　）が変化する
    - （　　）が大きくなる
    - （　　）が減る
52. 相互作用の影響により，建物基礎では自由地表面に比べて加速度が（　　）なる。これは（　　）周期よりも短周期側で入力が（　　）しているためである。
53. 相互作用の影響が最も顕著に現れるのは，構造物が（剛，柔）で地盤が（硬，軟）の場合である。（　　）内から選べ。
54. 相互作用において，基礎の水平変位を（　　）といい，回転を（　　）という。
55. 相互作用解析の最も単純な質点系モデルを（　　・　　）モデルと呼ぶ。
56. せん断波速度 $V_S = 200$m/sec, 地層厚 $H = 50$m の地盤の1次・2次・3次周期を概算せよ。
57. スウェイ率30%，ロッキング率20%の建物の連成周期の，基礎固定時周期に対する延び率を概算せよ。

演習問題（4）

第5章 基礎の設計

58. 建築物を支える基礎は（　　）基礎と杭基礎に大別される。
59. 直接基礎は基礎の形状により（　　）基礎，（　　）基礎，（　　）基礎に細分される。
60. 杭基礎は支持機構により，（　　）杭，（　　）杭に細分される。
61. （　　）杭は主に杭先端地盤の（　　）力により，（　　）杭は杭と（　　）との摩擦抵抗により建物荷重を支える。
62. 基礎の役割
    ① 建物荷重を安全に支持する。→地盤と基礎の（　　）支持力
    ② 建物に有害となる（　　）を防止する。→地盤の（　　）
    ③ （　　）における建物の安全を確保する。→地盤と基礎の（　　）
63. 基礎設計のポイント
    ① 適切な（　　）・土質試験
    ② 地盤と土の性質の正確な把握 →（　　）特性，（　　）特性，動的特性
    ③ 基礎部材（　　・基礎梁）の力学特性の正確な把握
64. 鉛直地中応力は地盤や基礎の（　　）を計算するのに使用する。
65. Boussinesqの解は集中荷重による（　　）σ_z を計算するのに使用する弾性解で，地表面に荷重 P が作用した時の深さ z，水平距離 r における値は $\sigma_z =$（　　）となる。
66. 長方形分割法は地表面に（　　）荷重が作用した時の（　　）部直下における鉛直地中応力 σ_z を計算するのに使用する弾性解である。
67. 基礎の計画において，設計すべき6項目を記せ。（上部構造の設計は除く）
    （　　），（　　），（　　），（　　），（　　），（　　）
68. 直接基礎の設計において，基礎の深さ・形状を仮定した後に，検討あるいは計算すべき項目を5項目記せ。
    （　　），（　　），（　　），（　　），（　　）
69. 粘土地盤の許容支持力は，基礎形状，土の単位体積重量 γ，（　　），（　　）によって決まる。
70. 砂地盤の許容支持力は，基礎形状，土の単位体積重量 γ，（　　），（　　），（　　）によって決まる。
71. 砂地盤では，基礎幅の増加とともに許容支持力は（　　）する。
72. 極限支持力に対する長期許容支持力の安全率は（　　），短期許容支持力の安全率は（　　）である。
73. 許容支持力は，テルツァーギの支持力式または（　　）試験から求めることができる。ただし，後者は支持力を過大評価する危険性がある。

演習問題（5）

74. 許容支持力を求める場合，地盤は均一ではないので，基礎幅の（　　）倍程度の深さの c, ϕ を用いるか，最も（　　）い層の値を用いるのが無難である。
75. 建物荷重による地盤沈下には（　　）沈下と（　　）沈下がある。
76. 正規圧密状態の（　　）地盤に建物を建設すると，（　　）沈下を生じ，（　　）期間継続する。
77. 即時沈下は鉛直応力の増加によって生じる（　　）的な沈下挙動で，沈下は比較的（　　）期間に終了する
78. 即時沈下は（　　）地盤，過圧密粘性土地盤に建物を建設した場合に発生する。
79. 建物荷重による圧密沈下量を計算するには，圧密特性を把握するための（　　）試験を実施するとともに，（　　）応力を計算する必要がある。
80. 構造物に悪影響を及ぼすのは，最大沈下よりむしろ（　　）沈下である。
81. 建物に有害なひび割れなどを発生しない限界の沈下量を，（　　）沈下量と呼ぶ。
82. 直接基礎の（　　）沈下量は，（　　）基礎，（　　）基礎，（　　）基礎の順に厳しく設定されている（後ほど厳しい）。
83. 許容沈下量は鉄骨造より鉄筋コンクリート造の方が（　　）設定されている。
84. 杭の鉛直支持力は（　　）と（　　）の和である。
85. （　　）は沈下量が少ない段階から効果を発揮し，（　　）が明確に現れる。
86. 杭に作用する鉛直荷重が（　　）以下，かつ（　　）以下となるように設計しなければならない。
87. 杭の許容鉛直支持力を求める方法には，（　　），（　　），（　　）があり，（　　）より求めるのが一般的であるが，信頼性は（　　）より求めるのが最も信頼性が高い。
88. 場所打ち杭の許容支持力を載荷試験より求める場合，杭径の（　　）％の沈下量に対する荷重を（　　）と呼び，この 1/（　　）を長期許容鉛直支持力とする。
89. 支持力式より許容支持力を求める場合，先端支持力は（　　）工法が $300NA_p$，埋込み杭工法が（　　），場所打ち杭工法が（　　）である。
90. 場所打ち杭の許容鉛直支持力は杭の（　　）を差し引いて求める必要がある。この対策として（　　）が普及した。
91. 地盤沈下地帯に支持杭を設置すると，杭に（　　）が作用し，杭体の破損や支持力不足の危険性がある。

演習問題（6）

92. 地震時に上部構造に慣性力が作用すると，その回転モーメントによって杭頭部には変動（　　）が作用する。また，上部構造からの慣性力によって杭頭部には（　　）が作用する。
93. 軸力増加（圧縮）側の杭については，軸力が杭の（　　）以下であることを確認する必要がある。
94. 軸力減少（引抜）側の杭については，（　　）力が杭の短期許容（　　）以下であることを確認する必要がある。
95. 杭頭部に水平力が作用すると，杭には（　　）と（　　）が発生する。そのため，杭体の（　　）が短期（　　）以下，また，杭体の（　　）が短期（　　）以下となるように，杭を設計する。
96. 杭径の長さ，径がすべて同一の場合には，杭の（　　）は同一であるが，杭の長さが異なる場合には（　　）い杭，杭の径が異なる場合には径の（　　）い杭に水平力が集中するので，設計する際には注意が必要である。
97. 杭頭固定の場合の杭頭モーメント M_0 は，作用する（　　），杭の（　　）が大きいほど大きく，（　　）係数が小さいほど大きい。
98. 杭の貫通する砂層で液状化が発生すると，その層の（　　）や（　　）を期待できないので，鉛直支持力，引抜き抵抗，（　　）が低下する。
99. さらに，地盤が大きく変形し，地中部の杭に（　　）が作用し，結果として，杭頭部や地中部における杭の（　　）やせん断力は増加する。

第6章 擁壁の設計　第7章 山留め工法　第8章 地盤改良

100. 擁壁の安定性の検討には，支持力や円弧すべりの検討の他に（　　），（　　）の検討がある。
101. 擁壁の安定性の検討に使用する背面土圧は（　　）土圧である。
102. 山留め壁の種類には，（　　），鋼矢板，（　　），鉄筋コンクリート地中壁がある。
103. 山留め計画では，山留め壁に作用する（　　）の算定，山留め壁（　　）の応力算定，山留め部材の（　　・　　）算定を行う。
104. 山留め工事では，（　　），（　　），盤ぶくれに留意する必要がある。
105. 建築の分野で用いられる地盤改良には（　　）工法系と（　　）工法系の2つがある。
106. 地盤改良の目的には，基礎の有害な（　　）防止や転倒・破壊防止，支持力の増大の他に地震時の（　　）対策がある。
107. サンドコンパクションパイル工法の改良効果は（　　）値や（　　）検層によって評価される。

演習問題（7）

問題の解答

1. 粒度または粒径 2. 高い 3. 小さい 4. 大きい 5. 粘性土 6. 砂質土, 増加 7. 間隙, 間隙, 飽和 8. 砂質, 地下水位 9. 全応力 10. 増加, 圧密 11. 砂質土, 内部摩擦角 12. 粘着力 13. $c + \sigma' \tan\phi$ 14. 三軸圧縮 15. 一軸圧縮 16. 三軸圧縮, モール円, 内部摩擦角 17. $180 \mathrm{kN/m^2}$, $130 \mathrm{kN/m^2}$ 18. 間隙比, 透水性 19. 圧密降伏, 圧縮指数 20. 正規 21. 未圧密 22. 地下水位, 砂, 間隙水圧, せん断 23. 地下水位が高い, ゆるい砂地盤, 粒径が揃った細砂または中砂, 20mより浅い 24. 地盤沈下 25. 鉛直支持力 26. 締固め, 変形抑止, 排水促進, 地下水低下 27. 主働, 受働, 静止 28. 受働, 静止, 主働 29. 内部摩擦, 主働土圧, 静止土圧, 受働土圧 30. $\tan^2(45°-\phi/2)$, $1-\sin\phi'$, $\tan^2(45°+\phi/2)$ 31. 地層構成, サウンディング, サンプリング 32. 標準貫入, N値, 種類 33. 標準貫入試験, 76, 30 34. 地層構成, N値, 土質柱状図 35. $\sqrt{20N}+15°$ 36. $N \cdot A_p$ 37. 一軸圧縮強さ 38. スウェーデン式サウンディング 39. 100, 25, 1 m 40. ボーリング孔内水平載荷, 水平, 変形係数 41. 伝搬・増幅, 動的相互 42. 3, 1, 3 43. 加速度, 地表面, 塑性化 44. 重複反射, 周期 45. せん断波, せん断波, 大きい 46. 固有, 固有, $4H/V_S$ 47. 大きく, 小さく 48. 波動, 質点系, FEM 49. 剛性, 減衰定数 50. 慣性, 幾何学的 51. 固有周期, 振動モード, 減衰定数, 地震入力 52. 小さく, 連成, 低減 53. 剛, 軟 54. スウェイ, ロッキング 55. スウェイ, ロッキング 56. $T_1 = 4 \times 50/200 = 1.0$ sec, $T_2 = T_1/3 = 0.33$ sec, $T_3 = T_1/5 = 0.2$ sec 57. 建物変形率50% ∴ 周期延び率 = $\sqrt{(1.0/0.5)} = 1.41$ 58. 直接 59. 独立フーチング, 連続フーチング（布）, べた 60. 支持, 摩擦 61. 支持, 先端支持, 摩擦, 地盤 62. 鉛直, 沈下, 沈下, 地震, 水平支持力 63. 地盤調査, 強度, 変形, 杭 64. 沈下量 65. 鉛直地中応力 $3pz^3/2\pi(r+z^2)^{5/2}$ 66. 長方形等分布荷重, 隅角 67. 直接基礎, 杭基礎, 地盤改良, 地下外壁, 擁壁, 山留め 68. 滑動・転倒, 許容支持力, 接地圧, 沈下量, 基礎スラブの応力 69. 粘着力, 根入れ深さ 70. 内部摩擦角, 基礎幅, 根入れ深さ 71. 増加 72. 3, 1.5 73. 平板載荷 74. 2, 弱 75. 即時, 圧密 76. 粘性土, 圧密, 長 77. 弾性, 短 78. 砂 79. 圧密, 増加地中 80. 不同 81. 許容 82. 許容, べた, 布, 独立（フーチング） 83. 厳しく 84. 先端支持力, 周面摩擦抵抗（または摩擦力） 85. 摩擦抵抗, 降伏点 86. 杭体の許容応力度, 杭の許容鉛直支持力 87. 鉛直載荷試験, 支持力式, 打込み式, 支持力式, 鉛直載荷試験 88. 10, 基準支持力, 3 89. 打込み $250NA_p$, $150NA_p$ 90. 自重, 拡低杭 91. ネガティブフリクション 92. 軸力, 水平力 93. 短期許容鉛直支持力 94. 引抜き, 引抜き抵抗 95. 曲げモーメント, せん断力, 曲げモーメント, 許容曲げモーメント, せん断応力, 許容せん断応力 96. 水平力の分担率, 短, 太 97. 水平力, 剛性, 水平地盤反力 98. 摩擦抵抗, 水平地盤反力, 水平支持力 99. 地盤の強制変形力, 曲げモーメント 100. 転倒, 滑動 101. 主働 102. 親杭横矢板, ソイルセメント柱列壁 103. 土圧, 支保工, 応力・変形 104. ヒービング, ボイリング 105. 締固め, 固化 106. 沈下, 液状化 107. N, 速度

記号一覧

A：基礎の底面積 (m²)
B：長方形基礎の短辺 (m)
c：粘着力 (kN/m²)
C_c：圧縮指数
c_v：圧密係数 (cm²/sec)
D：粒径 (mm)
D_f：基礎の根入れ長さ (m)
E：ヤング係数 (kN/m²)
e：間隙比：偏心距離 (m)
e_0：初期間隙比
F_c：コンクリートの設計基準強度 (kN/m²)
F：鋼材の設計基準強度 (kN/m²)
F_l：液状化発生に対する安全率
H：高さ (m)
h：水頭 (m)
I_s：影響係数
I_p：塑性指数
i：動水勾配
K：側圧係数
K_A：主働土圧係数
K_0：静止土圧係数
K_P：受働土圧係数
k：震度，透水係数 (cm/sec)
k_h：水平地盤反力係数 (kN/m³)
k_v：鉛直地盤反力係数 (kN/m³)
L：長方形基礎の長辺 (m)
m：質量 (m_s：土, m_w：水)
N：標準貫入試験打撃回数 (N値)
N_c, N_r, N_q：地盤の支持力係数
n：杭本数
P：鉛直方向集中荷重 (kN)
p_a：主働土圧 (kN)
p_p：受働土圧 (kN)
p：有効土かぶり圧 (kN/m²)
p_c：圧密降伏応力 (kN/m²)
Q：水平方向集中荷重 (kN)
q：等分布荷重 (kN/m)
q_c：コーン貫入抵抗 (kN/m²)

q_a：許容支持力度 (kN/m²)
q_t：載荷試験によって得られる許容支持力度 (kN/m²)
q_u：一軸圧縮強さ (kN/m²)
R_a：杭の許容支持力 (kN)
R_F：杭の周面摩擦力 (kN)
R_P：杭の先端支持力 (kN)
S：沈下量 (cm)
S_r：飽和度 (%)
U_c：均等係数
u：間隙（水）圧 (kN/m²)
V：体積 (cm³, m³)
W：重量 (kN)
w：含水比 (%)
w_L：液性限界 (%)
w_P：塑性限界 (%)
y：杭の水平変位 (m)
z：地表面より任意点までの深さ (m)
α, β：基礎底面の形状係数
α_{max}：地表面水平最大加速度 (Gal)
γ：単位体積重量 (kN/m³)
γ_1：基礎底面より下にある地盤の単位体積重量 (kN/m³)
γ_2：基礎底面より上にある地盤の単位体積重量 (kN/m³)
ρ：密度 (ρ_w：水, ρ_s：土) (t/m³)
ρ_t：湿潤密度 (t/m³)
σ：全応力 (kN/m²)
σ'：有効応力 (kN/m²)
σ_v：鉛直応力 (kN/m²)
σ_h：水平応力 (kN/m²)
ϕ：内部摩擦角 (°)
ψ：杭周長 (m)
τ：せん断応力 (kN/m²)
τ_d：地震時に発生するせん断応力 (kN/m²)
τ_L：液状化強度 (kN/m²)
ν：ポアソン比

参考文献

建築基礎構造
(社)日本建築学会：建築基礎構造設計指針
(社)日本建築学会：小規模建築物基礎設計の手引き
(社)日本建築学会：建築基礎構造設計例集
建設大臣官房官庁営繕部：建築構造設計基準
山肩邦男：建築基礎工学，朝倉書店
大崎順彦：建築基礎構造，技報堂出版
岸田英明ほか：基礎構造の設計，彰国社
上野嘉久：実務から見た基礎構造設計，学芸出版社
鈴木三郎：住宅工事の要点・基礎，井上書院
田沢光弥：ワンポイント建築技術・地盤と基礎，井上書院
鈴木三郎：土と建築基礎の問答，建築知識

地質・土質
(社)日本建築学会：建築基礎設計のための地盤調査計画指針
(社)地盤工学会：土質調査法
(社)地盤工学会：土質試験法
(社)地盤工学会：岩の調査と試験
(社)地盤工学会：土質工学ハンドブック
(財)地質調査業協会：ボーリングポケットブック
阪口理：建築地盤工学，理工図書
山本荘毅監修：建築実務に役立つ地下水の話，建築技術
守屋喜久夫：地震災害と地盤・基礎入門，鹿島出版会
福岡正巳：土・基礎調査設計マニュアル，近代図書
赤井・加藤・足立：基礎構造物の実用設計法，現代社
島・奥園・今村：現場技術者のための現地踏査，鹿島出版会

土木・補強・擁壁
(社)日本建築学会：山留め設計施工指針
都市基盤整備公団：構造物の基礎地盤における浅層安定処理工法
大橋完：建築実務者の擁壁設計入門，建築技術
総合建設技術研究会編：宅地造成設計施工の手引き，大成出版社
(財)日本建築センター：建築物のための改良地盤の設計及び品質管理指針

辞典
(社)地盤工学会：土質工学用語辞典
(社)日本建築学会：建築学用語辞典，岩波書店
原田静男：図解土質・基礎用語集
地学辞典，平凡社

著者略歴

藤井　衛（ふじい　まもる）
1974年　東海大学工学部建築学科卒業
1983年　同大学院工学研究科建築学専攻博士課程修了
現　在　東海大学名誉教授
　　　　工学博士　一級建築士

若命善雄（わかめ　よしお）
1963年　日本大学理工学部建築学科卒業
　　　　大成建設㈱技術研究所入社
1996年　㈱設計室ソイル設立
現　在　㈱設計室ソイル顧問
　　　　工学博士　技術士　一級建築士

真島正人（まじま　まさと）
1974年　芝浦工業大学工学部建築学科卒業
　　　　大成建設㈱技術研究所入社
現　在　㈱設計室ソイル取締役会長
　　　　工学博士　技術士　一級建築士

河村壮一（かわむら　そういち）
1968年　東京大学工学部建築学科卒業
1970年　同大学院工学研究科建築学専攻修士課程修了
同　年　大成建設㈱入社
現　在　耐震環境コンサルタント
　　　　工学博士　一級建築士

写真提供：基礎地盤コンサルタンツ㈱…P.8①②③
　　　　　㈱設計室ソイル…P.9④⑤⑥⑦⑧⑨　P.15③
　　　　　藤井　衛…P.10①②　P.11③④⑤⑥⑦⑧　P.12①②

大成建設㈱…P.13③④
不動建設㈱…P.14①
㈱テノックス…P.14②　P.15④

建築家のための土質と基礎　新ザ・ソイル

発 行 日	2011年9月30日　第1版第1刷
	2012年9月25日　　　第2刷
	2016年5月26日　　　第3刷
	2023年4月 6日　　　第4刷
著　　者	藤井　衛、若命善雄、真島正人、河村壮一
発 行 者	橋戸　幹彦
発 行 所	**株式会社 建築技術**
	〒101-0061　東京都千代田区三崎町3-10-4　千代田ビル
	TEL：03-3222-5951
	FAX：03-3222-5957
	振替口座 00100-7-72417
	http://www.k-gijutsu.co.jp
表紙・扉	大野直人
本文装丁	中　直行
印刷製本	三報社印刷株式会社

落丁・乱丁本はお取替えいたします。
本書の無断複製（コピー）は著作権上での例外を除き禁じられています。
また，代行業者等に依頼してスキャンやデジタル化することは．
例え個人や家庭内の利用を目的とする場合でも著作権法違反です。

ISBN978-4-7677-0130-1　C3052
©2011 M.Fujii, Y.Wakame, M.Majima, S.Kawamura
Printed in Japan